U0300228

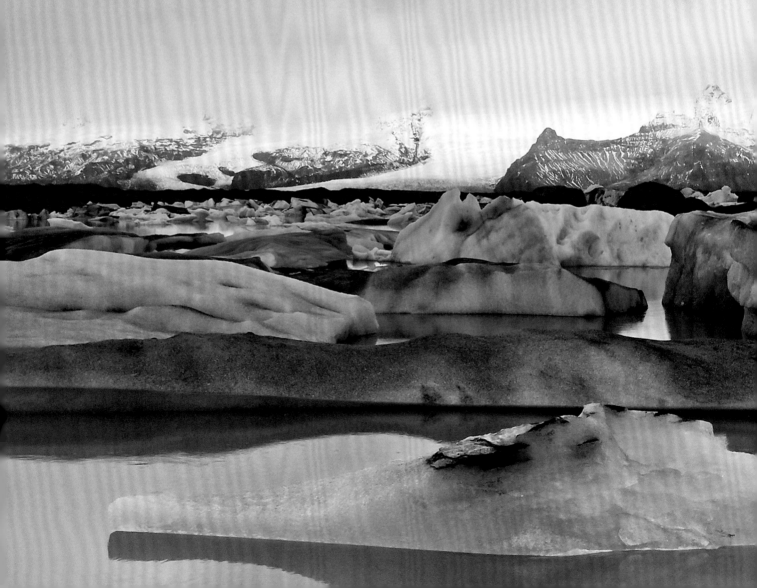

谨以此书向纪录片《冰冻星球》的全体制作人员致敬，感谢你们的付出！

BBC自然探索

frozen planet
a world beyond imagination

冰冻星球 （修订版）
超乎想象的奇妙世界

【英】阿拉斯泰尔·福瑟吉尔（Alastair Fothergill）　【英】瓦内莎·波洛维兹（Vanessa Berlowitz）　著

人人影视　译

人民邮电出版社
北京

目　录

序言

——大卫·阿滕伯勒（David Attenborough）

地球围绕地轴转动，地轴的两端便是被冰雪覆盖的两极地区，是地球上最不适宜生存的地方。然而，各种动物，包括北极的陆地哺乳动物、南极的鸟类以及两极均有的海洋哺乳动物，历经数千年的奇妙演化，竟得以幸存。能经受得起如此考验的物种并不多，所以它们鲜有竞争者。但也正因如此，它们可以繁衍至惊人的数量。生命是如此矛盾，在最艰难的生存环境中，竟能绽放出最绚烂的花朵。

北极北部被冰冻的海洋所覆盖。数百年来，少数极其坚韧的人类在那里进行冰上探险，靠捕猎生存。而北极南部则相对温暖，对于生活在南部的人们来说，北极冰原曾一直是地球上最难涉足的领域，而现在已不再如此。挪威的朗伊尔城是斯瓦尔巴群岛中的一个小镇，位于北极以南1125千米。每年，俄罗斯人都会在距北极仅115千米处建造一个冰上营地。要去北极，你可从小镇飞至营地，之后，某些健壮的旅行者会徒步前往，但大部分人会乘坐直升机——像我一样。

从北极归来的第二天，我回到俄罗斯营地，发现我的帐篷和飞机跑道之间的冰面上有一条几厘米宽的裂缝。那条跑道是一条没有碎冰、水平延伸的冰道。管理营地的俄罗斯人对此不以为然，他们对裂缝已习以为常了。而那条裂缝却在持续扩大，在我离开两天后，它变成了28米宽。营地必须马上撤离。

毫无疑问，北极地区正在变暖。在不久的将来，每逢夏日，覆盖北极的海冰可能完全消融。届时，船只可以穿越太平洋，沿北美洲和欧亚大陆的北海岸，直接驶入大西洋。

地球南端则是另一番景象。南极并非被海洋覆盖，而是位于一片广阔的大陆中央。这片大陆远离人际喧嚣，直到两百多年前，人类才首次发现了它的海岸。

对页

回到遮蔽处。早春，俄罗斯在北极圈内的地区，弗兰格尔岛东岸，在结束狩猎后，一只北极熊带着刚满周岁的幼仔回到遮风挡雪的家中。

第1页

格陵兰，塞尔米利克峡湾中，被深夜余光照亮的冰山。

第2~3页

冰岛最大的冰川湖——杰古沙龙湖上的夕阳。满眼都是布瑞达麦库冰川造成的冰山。冰川流入湖中，成为湖水的来源。

第4~5页

南乔治亚岛，圣安德鲁斯湾夏日的动物聚集。南极的象海豹和幼仔要与王企鹅和小企鹅分享海滩。

从那时起，人们便一心想征服南极。就当时而言，这恐怕是人类最具野心和勇气的壮举。而为了争当第一个吃螃蟹的人，人们不惜一切代价。

这已成为往事。如今可乘飞机前往南极，那里矗立着一座宏大的建筑，处于架空状态，使得雪可以在其周围不断积累。它的内部不受极寒的侵扰，科学家们常年在里面开展科研工作，探索遥远的星球及星系，探究地球上的各种现象，而这些实验只有在南极的环境下才能进行。

这里的气候也在不断变化。建筑下面的冰层厚达5千米，在未来的几百年内恐怕也不会消融。然而在南极大陆周围，那一圈犹如巨型白色裙摆的海冰，其边缘正在瓦解。于是，到了夏季，原本看似耸立于内陆的山峦受无冰水域的阻隔，变为与大陆分离的岛屿。

南北极的这些变化对极地生物产生了根本性的影响。那些为适应极冷环境而进化出的特性，在变暖的夏季里却成为束缚。原本在地球上更温和的环境中生存的物种正在向两极迁移，并逐渐取代那些原本独享极地的生物。尽管如此，对于人类而言，在极地工作依然极其困难：手如果接触到金属，皮肤会被粘掉；暴风雪能将旅行者禁锢在帐篷中数日之久；你脚下的海冰则有可能裂开，让你陷入绝地，孤立无援。

而对于极地神奇之处的记录也变得史无前例地重要和珍贵。为了拍摄野生生物，尤其是在冬季，摄制组要在地球上最为艰苦的环境中工作。在为纪录片《冰冻星球》工作的3年中，他们拍摄的照片所捕捉到的行为和现象，之前从未有过任何的胶片或数字影像记录。随着时间的推移，这些照片将变得愈发珍贵。因为这些宛如仙境的美景已存在了成千上万年，但在人类到达之后的一百年内，却可能会变得面目全非。这大概是我们最后的机会，来记录下这令人窒息的美景最灿烂的一面。

上图

大卫·阿滕伯勒摆出海豹的造型。他正在观察北极熊的主要猎物——环纹海豹和它的幼子，纪录片《冰冻星球》的摄影师也拍下了大卫。

对页

学习辨认海豹。一头南极积冰中的小虎鲸（幼年时皮肤呈铁锈色）跟着母亲学习如何分辨食蟹海豹（左边）和更可口的威德尔海豹（右边）。

第7页

南极堪德马斯岛附近的冰山。水注入冰山的裂缝中并迅速冻结，还来不及形成气泡，就形成了蓝色冰带。光线射入时，红光被吸收而蓝光被反射出来（白色的冰吸收所有颜色的光）。

第 1 章 | 世界的尽头：地球两极

世界的尽头

站在北极点，不禁胆寒。你的脚下看似是被冰雪覆盖的陆地，实则不然，那其实是海冰，而其下的北冰洋离你只有两三米。现在这片大洋的深度是4 000多米。冰面不停漂移，在风和洋流的推动下，一天里能移动40千米，所以无法在冰面上给北极点设置固定地标。利用便携式GPS锁定北纬90度是一种定位方式。但如果想看到固定的地标，就必须潜到海床。2007年，俄罗斯人在那里插上了他们钛制防锈的国旗。地球绕着一条连接南北极的轴线转动，所以在某种意义上，如果你站在北纬90度也就是北极点上，你就真的是站在全世界最静止的地方了（当然，还有南极）。

冰冻极地之谜

在北极地区，自秋分日起，太阳一旦落下，就是整整6个月。失去了太阳的能量，北极地区温度骤降。到了来年3月20日或21日，也就是春分日，太阳再度升起，并将一直悬挂于天空之中，直到下一个秋分日。这是一个长达6个月的白天。在这6个月里，北极的日照时间是赤道的两倍之多，但北极却不是世界上最炎热的地区，为什么呢？现在我们将揭开极地被冰封的真正原因。

阳光照射到极地时，呈一定的倾斜角，所以几乎不带暖意。地球上唯一受到太阳直射的地区就是南北回归线以内的地区。倾斜角的存在意味着在到达北极前，光线需要穿透更多的大气层，而这将进一步削弱光线。太阳挂于地平线上方，所以在极地不可能有日正当空的温暖体验。穿越大气层而来的极少量的阳光还会被海洋上终年覆盖的冰层反射到天空中。而在地球上的其他地区，被反射的太阳能则少得多，并且相当大的一部分太阳能会被空气中的水蒸气所吸收。相对而言，极地的空气出奇地干燥，这也会降低温度。

起伏的冰毯

当你从北极点踏出一步，不管是朝哪个方向，这一步都是向南的，没有东西之分。在北极点和距其最近的陆地——格陵兰的最北端——之间，有一片长725千米的海冰，极地爱好者将其称为"积冰"。你一踏上冰面，就能明白此名从何而来。浮冰不曾静止过，破裂，再相互重叠，形成一种动态而起伏的景观。当积冰与积冰相撞，会产生冰脊；有些冰脊有3层楼那么高，冰面下部分的高度会达到冰面上部分的4倍。在冰冻的北冰洋上，冰脊有时会延绵数千米。冰的这种奇特结构通常说明这片冰的形成历时多年，夏季不曾融化，冬季继续累积。年复一年，越来越厚，直到某些地方达到8米之厚。

大约1/4的积冰是每年新冻结而成的。在秋季，海面开始冻结，最快时会以60平方千米每分钟的速度扩散。面积达到峰值时，海冰面积达到1 400万平方千米，覆盖了将近85%的北冰洋。

冰面上的生命

一只北极熊在积冰上漫步，显示出它那适合在冰海上漫步的完美身形。它用白色皮毛来伪装自己，用长鼻子来追踪海豹，用尖牙来撕裂食物，还能爆发出高达56千米每小时的奔跑速度，这些都证明，迫于冰面环境和捕食海豹的需要，北极熊是由棕熊进化而来的。

北极熊十分善于在这险象丛生的冰面上探路。它那巨硕而宽大的熊掌可以有效地分散自身的重量，普通人的重量都能使冰面破裂，这头重362千克的熊却能行走自如。在易碎的冰面上，北极熊会将四肢伸展开行走，甚至会将腹部贴在冰面上爬行，用爪子匍匐前进。尽管多数时间，它和陆地上的熊类一样，是在走，但若冰面坍塌，它也能轻松地游走，这展现了它海洋生物的特性，一如它的学名 *Ursus maritimus*（拉丁语，直译为"海中熊"）。

北极熊确实算是一种海洋哺乳动物，因为其生存完全依赖于

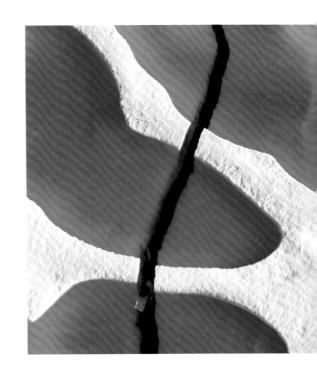

上图

强劲的潮汐造成的海冰裂缝。北冰洋潮汐在海冰的破裂和再分布中，扮演了主要角色。

对页

晚春时分，形成于积冰中的水路，位于斯瓦尔巴群岛的弗格尔峡湾。这种水路可延伸数百千米，宽度为几米到几百米不等。这对于当地人及在积冰中游动的鲸鱼来说，是一条生命线。

海洋。在一只北极熊的一生中，其足迹会遍布北冰洋的绝大部分地区，广达259 000平方千米。

北极熊到处流浪的天性让人难以估计它们的数量，据说是20 000~25 000只。多数熊在薄而易破裂的海冰附近活动，并把浮冰用作捕捉海豹的工具。

只有少数迷路的熊会出没在北纬82度以北的地区，那里冰层很厚，海豹的数量也很少。但在2006年，在离北极点仅1.6千米的地方，出现了一只熊，这是记录在案的发现北极熊的最北端。北极熊向南的移动范围则受到海冰的限制，原因在于冰冻的海洋才是北极熊最得心应手的活动区域。它只有在海冰融化时，或者对于一只雌熊来说，在寻找白雪之下的安全洞穴时，才会踏上陆地。

地球最冷之地

北冰洋是世界五大洋中最小的一个，并被广袤的陆地包围，其中包括亚洲、欧洲和北美洲这3个大陆的北端、格陵兰岛（地球上最大的岛屿）以及多个群岛。总体来说，由于毗邻海洋，这些北极圈内陆地的气候并不那么极端，因为海洋的温度不会降到零下2摄氏度以下。

在冬季，这片相对温暖的水域虽然被极地冰所覆盖，却能保证北极点不会成为北极最冷的地方。而最冷的纪录诞生于一个位于西伯利亚名叫奥依米亚康的小镇，温度为破纪录的零下71.2摄氏度。当冷空气"湖"在北极陆地内部地区集结形成时，就会出现如此低的温度。

当冷而密的空气沉降，而不与上层的暖空气混合时，就会出现这种"逆温现象"，同时会伴有许多怪异的现象。上层的暖空气可将声波反射，声音便可传播得更远，因而在非常遥远的距离外也能听到人的声音。光线发生弯折，以至于地平线之下的景象会出现在天空中。这种现象又被称为海市蜃楼，是一种假象，能让你看到已经落下的太阳或月亮，只不过有些变形。

上图

　　北极熊。北极熊确实算是海洋哺乳动物，它以其他海洋哺乳动物为食。它能不停歇地涉水超过150千米，曾有人看到北极熊在冰面或陆地附近游了数千米。

对页

　　北极熊妈妈在它的两只小熊仔轮流吃奶时保护它们。熊仔每天要进食6~7次，每次15分钟左右，这种饮食习惯要持续数月。这个时候（它们刚离开洞穴1周左右），若有雄性北极熊经过，对熊仔来说是很危险的。

格陵兰最大的冰盖

当你从飞机上鸟瞰格陵兰时，只能看到些许绿意。事实上，10世纪挪威的流亡海盗"红魔艾瑞克"（Eric the Red）故意如此命名，以吸引冰岛人前来定居。轻信艾瑞克说辞的人都震惊地发现，格陵兰81%的土地都被冰雪所覆盖，这一面积是英国的7倍。这也是北半球最大的冰体，储藏着地球上8%的淡水，更是北极中唯一真正的冰盖。在冰期，巨型冰盖包裹着北半球的大部分陆地和大陆架，格陵兰冰盖便是当时冰川的遗迹。

经过数千年，层层冬雪形成了格陵兰冰盖。最厚的地方有3千米，而它底部的冰雪已是25万年高龄。今日，冰盖已不再紧挨着海岸。在上个冰期结束9 000年后，沿海的陆地终见天日，形成狭窄的裸露地带，把冰川围在其中。

从飞机上鸟瞰，冰盖平滑而无瑕，但若靠近一些，你就能感受到它的活力。在夏日，冰盖表面流动着蓝绿色的融水，在一片河道里流淌。有些地方，融水汇聚成天青色的湖泊，宽达数千米，可谓是荒芜冰原上昙花一现的绿洲。

冰上奇观

在冰面上，融水奔流不息，响声震耳欲聋。涓涓细流汇成大股水流，再投入奔腾怒吼着的河流的怀抱，最终在冰雪中切割出深谷。流水需要上百万年才能在岩石中侵蚀出深谷，而在冰雪中，只需要几个星期。尽管这些河道还不到30米宽，但在夏季流过每条河道的水量比泰晤士河的还多。在河岸上必须非常小心，因为很多大河道的终点都是冰川锅穴，即能吞噬整条河流的竖井。融水径直坠落3千米，直至冰盖底部。这是地球上最为壮观的景象之一，每秒钟近500升的水消失于深渊中。

对页

格陵兰冰盖。这是北半球最大的淡水冰冻体，面积几乎是美国得克萨斯州的2.5倍，最厚的地方有3千米。在夏日，蓝绿色的融水流经错综复杂的水路。被风吹来的烟灰和生物覆盖在冰面上，这些深色物质能吸收太阳能，从而加快融化速度。

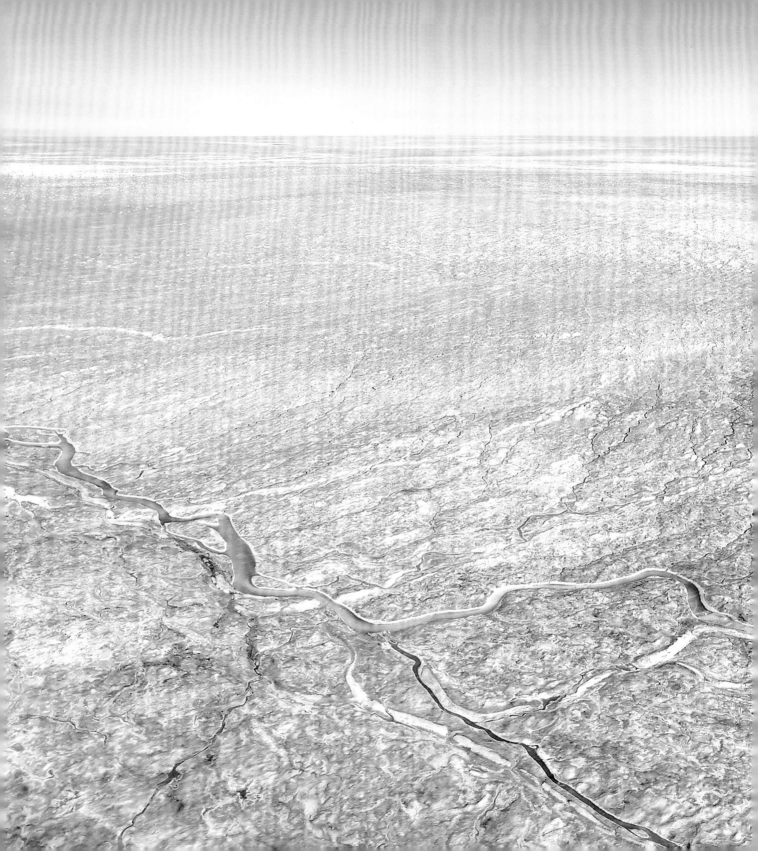

在这长达数月的夏日融化季中，4 130亿吨水从冰盖上流入竖井，顺着隐藏于冰雪里的排水系统流失殆尽。

渐渐远离冰盖中心的冰面开始出现越来越多的起伏与裂缝，这证明整个冰盖正在移动，在其自身重量的作用下，顺势向低处流动，每年移动200米。在冰层和其下的岩石之间，表层流下来的融水起到了润滑剂的作用。在东面和南面，冰体被高耸的山脉挡住，因此它只能向西面移动，在那里，大片的冰川落入海中。

格陵兰冰山制造工厂

春季是格陵兰崩冰多发的季节。当峡湾中的海冰开始融化，冰川也分崩离析。有些冰山犹如童话中的城堡，高矮参差不齐；而有些则如同冰盖诞下的卵，光滑无比。

正所谓冰山一角，你看到的不过是冰山的1/10，其余部分则藏在海面下。但实际上，可见的部分能达到1/7，因为冰川冰比普通冰含有更多的气泡，更易让冰山浮起。在雪被压缩成冰时，这些气泡被困在其中，这也是冰山呈白色的原因。气泡量相对很少的融水冻结后，形成冰山中的蓝色冰带，因为这种冰只能反射蓝色光的波段。

格陵兰冰川产生的冰山常常被洋流带向南部，有些甚至能在消融前漂流至北纬40度的地方。在1912年，正是这些冰山中的一座制造了泰坦尼克号的悲剧：不到3小时它便沉没了，1 513名乘客丧生。每年，格陵兰冰川制造出成千上万座冰山，即超过3 500亿吨冰。这些冰给海洋带来营养物质，让浮游生物大量繁衍，而浮游生物则是富饶海洋生命的食物源。从格陵兰直接流入大洋的以及因冰山融化而融入海洋的冰冷淡水是全球洋流循环的重要部分，并不仅仅影响着极地的气候。

上图

西格陵兰，迪斯科湾，冰川细节。冰川的延伸与变形带来了冰隙，古老的蓝冰（因压力而呈蓝色）由于冰隙而暴露出来。

对页

格陵兰北部，洪堡冰川发生爆炸性崩解活动的余波。大冰山已漂远，离冰川边缘数千米。而在中部，小型碎冰——又被称为"残碎冰山"——还未扩散开。崩裂中的洪堡冰川的冰裂线长110千米，它是北半球最宽广的冰川。

壮观的阿留申汇集。每年夏季，1 800万只海鸟——地球上最大的生物聚集群——来到阿留申群岛旁的白令海，捕食富饶的磷虾。其他迁徙而来的动物，比如从夏威夷远道而来的座头鲸，也加入了海鸟的队伍，享受这场盛宴。

大融化

虽然北冰洋的中心终年被冰雪封锁，相对缺乏生机，但到了夏日，环绕在其周围的浅海成为世界上最富饶的海域之一。这种转变源自5条流入北冰洋的大河——俄罗斯的勒拿河、鄂毕河和叶尼塞河，以及北美洲的马更些河和育空河。这些河每年有一半的时间是冻结的，而冰瀑则起到了大型水坝的作用。在春季，上游区域的冰体融化，造成冰面下的水压越来越大。冰坝终于支撑不住，河水奔腾不止。只需几分钟，河流便化身成一条冰雪传送带，推挤着河岸，树木犹如火柴般被冲断。但冰雪移动的速度却跟不上湍急融水流向下游的速度。短短30分钟内，加拿大马更些河的水面就可上升12米。每年，洪水和冰雪给北美造成价值1.6亿美元的损失。而随着这些壮观的河流最终汇入北冰洋，也向其中注入超过5 000立方千米富含营养的淡水。这相当于地球上10%的淡水流失量；这一现象给予了北冰洋养分并降低了其盐度。

每一年，俄罗斯的勒拿河都将1 100万吨的淤泥倾倒入海，数量令人瞠目，从而产生一条深色水流带，自入海口延伸100千米。沿着海岸，这些淤泥形成大型三角洲，成为野禽和滨鸟的安居之所。北冰洋通过挪威洋流和大西洋混合，通过白令海峡与太平洋相通。那冰冷而富含养料的海水造就了海洋生命的繁荣。

阿留申欣欣向荣

阿留申群岛是一群自阿拉斯加延伸出来的、呈锯齿状分布的岛屿，将白令海与太平洋分隔开。每年夏季，猛烈的风暴加上岛屿间强有力的洋流，将太平洋深处的海水卷起。长时间的日照让浮游生物生机勃勃，这又促使北极磷虾数量激增。尽管单只磷虾长不足2厘米，但这些类虾生物却能把海洋染红，吸引来的海鸟数量超过1 800万只，这也是地球上最大的生物聚集现象。

数百万只短尾海鸥从它们在澳大利亚和新西兰的繁殖地出发，开始一段非凡的旅程，时长6周，距离跨越15 000千米，恰好与磷虾出现的时机一致。鸟群非常密集，遮蔽了天空。在协作式的进攻中，海鸥可随磷虾潜至深达50米的地方。鲱鱼和鲭鱼也会加入海鸥的行列，而反过来它们又成为海狮和软毛海豹（即海狗）的食物。

这场盛宴的晚客——食量最大的座头鲸，从夏威夷远道而来。它们总是"一口吞"，喜欢密集的鱼群，因为这样可减少消耗在觅食上的能量。一天内，一头普通大小的座头鲸能吃下1吨的浮游植物、磷虾和鱼群。它们在海鸥群中觅食，来回摆动着身躯以吞下大量的海水，再从中滤出食物。而海鸥若没能避开鲸鱼的大口，就在劫难逃了。

繁花似锦的冻原

在北极冰盖以南，首先映入眼帘的就是冻原——一片广袤荒芜的地带，这里寒风凛冽，地表平坦而多石。在以前的冰期中，大部分冻原地带被冰雪所覆盖。在岩石上，偶尔会出现橙色、绿色或灰色的地衣。它们介于真菌和海藻之间，集两者的优点于一身，能忍受极度干旱、寒冷多风的环境。它们是如此坚韧，以至于能以冷冻干燥的状态存活在接近绝对零度——零下273摄氏度的环境里。因冰雪消融而露出的地面首先被地衣占领。实际上，可通过追踪地衣来确定冰雪消融的年代，因为地衣以恒定的速率生长，某些样本至少有9 000年高龄。

再往南走，冻原上出现各种植物。在一些地方，石南、蔓越橘（即小红莓）和蓝莓，以及低矮灌木，比如柳木，占主导地位。不过大部分地方还是莎草草地，以羊胡子草为主要品种。在春季，草顶端长着白色的绒毛种子球。羊胡子草成簇生长之处就形成了草丛冻原。多石的地区既不太干燥也不太潮湿，被称为湿地冻原，这里野花繁盛。在格陵兰北部，距北极点仅970千米的地方，人类已辨识出超过76种不同的开花植物。

上图

在高纬度北极冻原上，被霜冻覆盖的熊果和地衣。

对页

夏日的西伯利亚冻原，泰梅尔半岛，俄罗斯。冻原横跨欧洲、亚洲和北美的高纬度地区，形成一条无树木带，就位于极地冰盖南部。它覆盖了地球20%的表面积。在西伯利亚，冬日漫长，气温能降到零下40摄氏度，永久冻土（在地表下一直呈冻结状的泥土）能延伸至地下600米处。

在夏季，部分冰雪融化，出现小池塘——一种冰融喀斯特地貌，同时形成沼泽地。

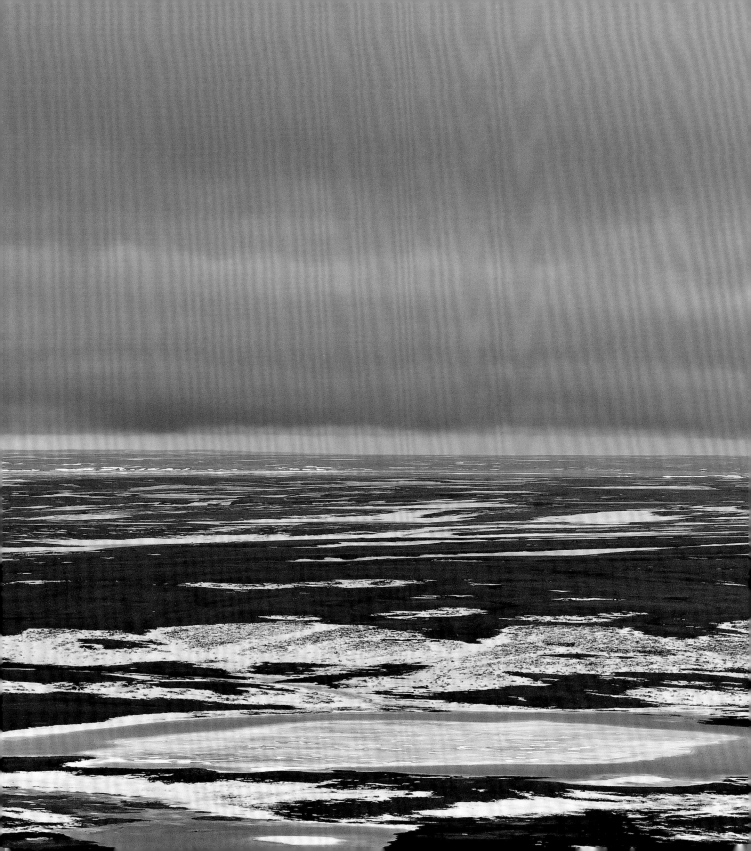

右图

    北极圈的幸存者。北极狐好奇心盛、适应能力强，这让它成为少数能在极北之地过冬的哺乳动物之一。它的皮毛能在零下40摄氏度甚至更冷的环境下起到隔热作用。

第30~31页

    冻原上的伪装大师。秋末，光照程度和体内激素水平的变化促使柳雷鸟换毛——从斑纹状棕色变为雪白色，只有尾巴还是黑的。

四季的动物

在夏季，冻原满是野生动物，而它们大部分都是沿着古老的迁徙之路来到北极北部的。每年，48种陆地哺乳动物，小到田鼠，大到麝牛，长途跋涉而来。150种迁徙鸟类也加入这一队伍。鸟类来到冻原觅食繁衍，当第一缕秋意来袭时，它们便会飞回南部。少数栖息在北极的鸟类，比如雪鸮、雷鸟、柳雷鸟、朱顶雀、大乌鸦和海东青（世上最大、最北的隼类），全副武装，不畏北极圈的冬季，因为它们有浓密的羽毛，雪鸮和雷鸟的羽毛甚至从头裹到脚。

所有在北极过冬的动物都长有光滑而防风的外层羽毛及保暖的内层绒毛。实际上，在所有已知材料中，保暖效果最好的便是普通绒鸭的绒毛。这些鸟类也会采用其他保暖技巧，比如挖雪洞，单腿站立以避免热量流失，或一动不动地站着，即便腿脚冰冷也不在意，只要身体保持温暖。

温度开始下降时，大型哺乳动物向南部进发。50万头北美驯鹿前往南部的森林过冬。但对于小型哺乳动物，迁徙并不可行。环颈旅鼠的活动范围北至埃尔斯米尔岛最北端，旅鼠要在那里度过整个冬季。在所有陆地哺乳动物中，它们所经受的冬季最漫长。短腿、短尾以及小而隐蔽的耳朵，旅鼠体形的圆滚程度达到了哺乳动物的极致（球形最适合于保暖）。它们的脚底有长而硬的皮毛，体表用于过冬的"大衣"在同样大小的啮齿类动物中是最厚的，这些都起到了保温效果。随着日照时间越来越短，旅鼠的皮毛变为白色，这让它们成为世上唯一会变色的啮齿类动物。

与赤狐相比，北极狐的耳朵小、鼻子短、足底有毛，还有白色的皮毛，这在所有人类研究过的陆地哺乳动物中，保暖效果是最好的。类似的，北极狼与普通灰狼相比，有着更粗短的腿、圆滚的耳朵、短小的鼻子，以及一身白毛。像海东青和雪鸮这样的猎食者，周身雪白，可以防止被猎物发现；而柳雷鸟变成白色则是为了躲避捕食者。那么为何大乌鸦却是黑色的呢？也许是因为它体形较大、进攻性强，不会成为隼类或鸮类的食物，同时，它是机会主义者，不需要悄悄地接近猎物。

右图

冬季的泰加林，芬兰。泰加林是地球上最壮观的森林，囊括了世界上超过1/3的树木。但森林的大部分地方只有一两种树木，一般是针叶植物。生命罕见，因为针叶植物难以消化。

世界上最壮观的森林

在冻原上的某处，矮小而稀疏的针叶林出现了。它们似乎是沿着一条线生长，这条线的一边是冻原，另一边是树林；从这条线越往南，树木就越高大、越茂密。从这条林木生长线开始，生长季开始足够长。越往南，生长季就越长，这会让你觉得这条线应在东西方向上，沿着同纬度延伸。而实际上，土壤的质量、冻土层的厚度以及海洋和山脉对温度的影响都会让林木生长线弯曲。

站在齐腰高的树林中，你会发现这里便是地球上最壮观森林的起始点。在夏季，冰雪融化后，从太空都能看到泰加林（在北美又被称为北方针叶林），呈带状环绕在地球北极周围，只有大洋将其从中断开。想领略泰加林的广袤，最好的方式就是从符拉迪沃斯托克（海参崴）飞到俄罗斯西部的莫斯科。在这长达10小时、跨越5个时区的航行中，你会看到一望无际的泰加林，壮阔无比。

泰加林囊括了世界上超过1/3的树木——比所有热带雨林加起来还多。考虑到其面积之大，你可能会认为这里动植物种类繁多，但绝大多数地方只有一两种树木生长。动物也相对稀缺，一是因为针叶植物难以消化，二是因为树叶脱落后会使土壤呈酸性，小型无脊椎动物在酸性土壤中难以生存。

不过，还是有不少"常住居民"，即那些以针叶为食的动物，如松鸡、豪猪和麋，但它们分布稀少。阿拉斯加和西伯利亚之间的白令陆桥曾将亚洲和北美洲相连，同样的动物占据了北极陆地，所以动物组合的变化出奇地少。同时，不管在泰加林中的何处，生存挑战都很相似，所以对于动物来说，也就没有什么进化压力。

在夏日，虫儿们在湖畔孵化出来，蜂拥而至的大批迁徙者赶来，享受这昆虫盛宴。灌木丛中也长出了繁茂的莓类，尤其是在加拿大北部的森林里。但到了秋季，昆虫死去，莓类和种子作物也枯萎了。冬雪降临后，泰加林回归为那片寂静而神奇的领域，只有少数生命力顽强的"居民"存活于此。

北极的疆界

　　向南行进，深入泰加林后，根据某些地域的定义，我们就要离开北极了。但根据另一些地域的定义，我们其实已经离开了。那么北极的疆界到底在哪里呢？一些人认为是由纬度决定的：北极即北极圈——北半球出现极夜和极昼现象的最南端，北纬66度34分——内出现的领域，但这没有任何生物学上的意义。有些人认为，林木生长线是很好的分界线，但泰加林的环境实际上很像北极。最后，一些生物学家以10度等温线——这里最温暖月份的平均气温低于10摄氏度——来界定。这一界限与北部的林木生长线出奇地一致。

上图

　　林木生长线——树木能生长的最北之处。这稀疏的树木标志着，在这里太阳露出地表的时间刚刚够植物维持生长。

对页

　　麝牛，弗兰格尔岛。它们有厚实的外层皮毛和毛茸茸的下层绒毛，能抵御北极地区的严寒。

冻结的南冰洋

　　在南冰洋上有那么一处，你经过此处后，就能感觉到自己进入了南极。风变得更凛冽，海变得更凶猛，并且你会明显地感到更冷了。这说明你刚刚经过了极锋，一片在南纬50度到60度间的海域。在这里，从南极向北流动的冰冷上层海水与从热带向南流动的温暖下层海水相遇，前者随之下沉。强劲水流若将船只推向东面，说明你遭遇了强大的南极绕极流。南极绕极流形成于3 400万年前，那时，南极大陆刚刚与南美洲分离，被大洋环绕。这个洋流把新形成的大陆与全球其他大洋的暖流隔离，人们甚至认为是它促进了南极冰盖的形成。

　　今天，这个洋流是地球上最大的洋流，它所搬运的水量是世界上所有河流流量总和的135倍。它在地球上最猛烈的风的作用下，自西向东流动，水手们还给南半球的纬度起了名字——"咆哮的40度"和"狂怒的50度"。这狂风席卷着大陆，不因任何陆地停下脚步，更将海水卷起，形成汹涌的浪涛。

　　尽管南冰洋对水手来说是巨大的挑战，但它对地球至关重要。根据不同的北边界划分方式，它覆盖地表的比例从10%到20%不等。南极绕极流环绕地球一周，将所有大洋的南端相连通，也相当于连通了北冰洋。这就让北部的温暖海水和南部的冰冷海水间形成交换，将前者变冷、后者变暖，维持了地球的气候条件。

　　再往南行进，便进入了积冰区域。在这里，从钢琴大小的碎冰到超过10千米长的巨型浮冰，成块的海冰不断地移动着。对于海冰来说，金属打造的船只如同锡箔般易碎。在冬季，南冰洋的大部分海域是不可渡过的，因为一半以上的海面都冻结了，形成广达1 900万平方千米的海冰，这一面积比北冰洋的要大很多。海冰自海岸向外延伸了超过2 000千米，这让南极大陆的面积加倍。

　　在春季，近2/3的冰封海面消融，消融了的海冰的面积相当于美国的2倍。南极洲的野生动物大多数都在冬季逃离北部，在无冰水域觅食；现在它们都回到南极捕食和繁衍，海洋也随之朝气蓬勃。

巨型猎手和微型猎物

　　大部分人会认为富饶的海洋里鱼的种类也很繁多，但南冰洋是个例外。世界上约有20 000种鱼类，只有120种出现在极锋以南。温度低并非问题所在，因为北极就充斥着大量的鲱鱼、多春鱼和玉筋鱼鱼群，更有可能的原因是南极周围的大陆架比北极的要深很多，只有很少的浅海床可供鱼类产卵。

　　在南极出现的鱼类中，85%都是南极特有的，深海把它们与其他大洋隔离开。它们对在世界上最冷的海洋中的生活非常适应。多数鱼类体内都有防冻成分，帮助它们在接近零摄氏度的海洋中存活。15种冰鱼在冰冷环境中的新陈代谢非常缓慢，以至于血液中仅有1%的血红素（大多数动物用血红素来向身体各处运输氧气），因而血液呈现幽灵般的白色。它们所需的那一点氧气则来自汹涌冰冷而富含氧气的南冰洋海水，由血浆来运输。

　　不管是作为猎物还是捕食者，在南冰洋的食物链中，鱼类扮演的角色并不那么重要。数量庞大的乌贼和磷虾是主要的猎物，而鸟类和哺乳动物则是主要的捕食者，这大概是因为后者是恒温的，更善于储存能量，并且能够跨越长距离去寻找食物，这点在食物零星分布且不可预测的海洋中极为关键。

　　与北极一样，南极夏日带来浮游生物的繁盛，再反过来促使南极磷虾数量激增。尽管人们认为磷虾的总量比任何其他物种都要大，但磷虾群总是庞大而分散，以之为食的哺乳动物和海鸟必须在这个相对贫瘠的海里大范围地搜寻，才能偶尔撞上大运。须鲸有发梳般的滤网，如蓝鲸、长须鲸、小须鲸、大须鲸、座头鲸和南露脊鲸，能滤出水中的磷虾。它们都在春季来到这里觅食。

　　几种带牙的鲸鱼，如抹香鲸和虎鲸，也会出现在南极。抹香鲸很少见，来这里是为了深海乌贼。而虎鲸则到处都是，它是唯一一种以哺乳动物为食的鲸鱼。

贝琳达山的火山灰覆盖了布满颊带企鹅（也称帽带企鹅）的冰山，此火山2001年开始喷发。在南乔治亚群岛以南坐落着南桑威奇群岛，其中的蒙塔古岛因火山而扩大。极度陡峭的冰面和岩石峭壁让颊带企鹅无法在此产蛋。

无冰岛

1775年，库克船长（Captain Cook）发现了南乔治亚岛的亚南极岛，但这让他十分失望。他刚看到海岸时，以为自己到达了未知之地，即不为人知的大陆（南极洲），要知道这可是早期极地探索者梦寐以求的圣杯。但他抵达岛屿南端时，发现自己只是找到了一个岛屿，所以他将其最后一个海岬命名为"失望角"。而今日的探险者在地平线看到一个亚南极岛屿时，则会松一口气。

尽管这些岛屿孤立在海中，却是让人难以置信地生机盎然。一群岛屿沿着极锋呈圈状分布，其中最大的就是南乔治亚岛。其他的包括：布维岛，此岛很袖珍，狂风乱作并且几乎被冰雪覆盖；赫德岛，位于澳大利亚东南；以及活火山南桑威奇群岛。所有岛都有一个很重要的共同点，那就是它们很少会被海冰包围。这点对于那些依赖海洋繁衍捕食的南极动物来说非常有吸引力。一些南极鸟类的繁殖也依赖岛屿，因为它们没办法直接把鸟蛋下在冰面上，而离开南极大陆海岸，在鸟类能飞到的范围内，裸露的岩石又很缺乏。

企鹅的乐土

南极仅有的哺乳动物——鲸鱼和海豹——都是海洋性的，并且大部分在冬季都会回北部。陆地捕食者的稀缺产生了深远的影响。南极的造访者发现，这里的野生动物完全不知恐惧为何物，而鸟类也进化成不会飞翔的企鹅。

春季，在无冰的亚南极岛上，每一寸海岸线都拥挤不堪，鸟儿忙着筑巢，海豹忙着育仔。尽管南极的鸟类需要在裸露的岩石上筑巢，但几乎所有鸟都适应了海边的生活，依靠大海获取食物。有些鸟类会在海中徘徊多年，只在繁殖时才会上岸。世界上300种海鸟中，只有45种在南极出现过，数量上的优势弥补了种类少的劣势。这里有2 000万对企鹅以及多达1.5亿只海燕，后者筑巢于洞穴中，很难数清具体数目。

虽然信天翁和海燕隶属于同一目，不过漂泊信天翁的翅膀展开时可达3.5米，是世界上最长的，它甚至能环游全球；而黄蹼洋海燕只是跟麻雀差不多大，常在水面上踮着脚掠过。在两者的嘴上面都长着很奇特的管状鼻孔，用于排出多余的盐分。对接触不到淡水的鸟类来说，这种生理结构至关重要。

亚南极岛上的绿意深得出人意料，有大片的生草丛，甚至还有开花植物。但随着向南部腹地前进，岛屿也变得荒凉。岛屿沿着海岭即斯科舍岛弧分布，此岛弧将南美洲的安第斯山脉和南极洲的山脉连成一个大圈。最大的群岛就是长540千米的南设得兰群岛。尽管在冬日被海冰所包围，但这里的气候因南冰洋而有所缓和，也为百万只待筑巢的鸟类提供了关键的大范围无雪覆盖的岩石。

大陆一瞥

在1820年，探险者爱德华·布兰斯菲尔德（Edward Bransfield）和威廉·史密斯（William Smith）自南设得兰群岛向南航行，穿过茫茫大雾后，他们终于看到了海岸。爱德华准尉后来描述那个景象时，写道："在最沮丧的时刻，眼前景象是唯一的希望，希望前方大概便是寻觅已久的南方大陆了。"他们所到之处是南纬64度南极半岛的最北端。对于今日的造访者，伸出的半岛就像一只手，欢迎人们的到来。

每年夏季，冰雪消融，半岛的大部分海岸线都露了出来，因此而出现的海洋性气候也比大陆其他地方要温和很多。这是南极最温和的一面，一片美丽无比的土地，是绝大多数本土野生动物的生存家园。陡峭且被冰雪覆盖的高山仁立在海中。0.32%的南极地表终年无冰覆盖，而大部分无冰地带都在这里，这里遍布繁殖过程中的鸟类。随着海冰消融，鲸鱼向南游来，中途在平静如镜的海湾中停留觅食。而海豹将浮冰弄得一团乱。象海豹和软毛海豹原本在亚南极群岛上很常见，现在则被豹海豹和食蟹海豹所替代。食蟹海豹的数量被认为多达1 500万只，它是数量仅次于人类的最常见的大型哺乳动物。

右图

清晨的埃里伯斯山。这是南极唯一的持续性活火山，也是地球上最靠南的活火山。在它高出海平面近4千米的顶峰，是一个活跃的岩浆湖。

最坚韧的海豹当属威德尔海豹，它们住在南极腹地，也是唯一一种能忍受南极冬日严寒的哺乳动物。

沿着海岸前进，这片水域因一跃而出的阿德利企鹅而变得生机勃勃。环绕着南极大陆有161个企鹅聚集地，企鹅充分利用所有无冰的土地、海岸或斜坡。每年，500万只企鹅选择回到这些聚集地繁衍后代。最南端的聚集地是罗伊兹海角。只有少数鸟类——贼鸥和海燕——会继续向内陆进发。在那里，生命若要存活，必须极其适应那种特殊的环境。

雪火山

罗伊兹海角的阿德利企鹅聚集地旁，就是地球上位置最南的活火山（3 794米）。英国探险家詹姆斯·克拉克·罗斯（James Clark Ross）于1841年发现埃里伯斯山（以他的两艘船中的一艘命名）时，火山正在喷发，他写道："喷射出漫天的火焰与烟雾……一些船员坚信，他们看到成股的岩浆沿着山体流下，直至消失在雪中。"今天，在山的内部仍有永久呈熔融态的岩浆湖，不断冒出灰烟则是岩浆的唯一外现形式。

尽管英国探险家沙克尔顿（Shackleton）首次登上埃里伯斯山是在1908年，但在1972年人们才发现岩浆湖。从那时起，人类便实时监控着该湖。探险队开始研究埃里伯斯山对其他地区的影响，分析持续性的火山喷发是否会影响到全球气候。

在古怪的冰塔（即喷气口）之下，火山侧翼之上，有一片因热气而融化出的冰洞。根据火山喷发出热量和气体不同，这些冰洞仍在持续地形成或消融，在其内部，温度保持在32摄氏度。

每个冰室都有形态各异的冰晶装饰，有精致如羽毛般的结构，也有需60年才能形成的六边形结构。和雪花一样，所有冰晶都是独一无二的，美得令人窒息。在2009年，科学家在冰洞中开始一个绘图取样项目。他们认为有些冰晶成为嗜极菌的载体，而变得有生命。嗜极菌在这种潮湿而温暖的洞穴里可谓如鱼得水。

南极横贯山脉，它横穿整个南极，从威德尔海到罗斯海。总长度大约为3200千米，宽度为100~300千米，在南极的东部和西部之间形成了一道屏障。它也是地球上最长的山脉之一。

横贯南极的屏障

自埃里伯斯山山顶向南远眺，南极横贯山脉跃入眼帘，令人惊叹。它绵延3 200千米，从大陆一头到另一头，是世上最长、最壮观的山脉之一。它将南极大陆分成东西两半，并支撑起东南极洲冰盖。1841年，詹姆斯·克拉克·罗斯发现了这里，山脉阻断了罗斯前往南磁极点（实际上在海中）的探索，也让其他后继者止步不前。罗伯特·斯科特（Robert Scott）和罗尔德·阿蒙森（Roald Amundsen）之所以能成功抵达地理南极点，是因为他们发现了比尔德莫尔冰川和阿克塞尔·海伯格冰川，并通过冰川越过了这令人叹为观止的山脉。

形成山脉的古老岩石和在澳大利亚发现的类似，都是古时的遗迹。当时，南极曾是巨型超大陆的中心。这些岩石也与塔斯马尼亚相连。火山活动形成的深褐色粗粒玄武岩夹杂在近乎水平的砂岩沉积层中。山脉的高峰上毫无生命踪迹，但岩石中的化石说明曾有植物生长于此。

干谷中的极限生命

在这个冰雪大陆上，南极干谷可谓绿洲般的存在。裸露的红棕色土壤，与火星如出一辙。南极横贯山脉让这里永久无冰，成为南极洲最大的无冰毗连区。事实上，干谷是南极少数几个有流水的地方（从冰川而来的融水）。这里也相对温暖，年平均气温为零下17摄氏度。一股温热而干燥的风以320千米的时速把冰雪都吹走了。风是温热的，原因在于风下沉时被压缩，这一过程会发热。风也很干燥，当它碰到在南极很罕见的雨时，会使得下降中的雨水挥发。因此，科学家们说会看到雨在下，却落不到地表。

走在这荒凉、碎石乱布的地带，你就会明白为何斯科特将干谷之一称为"死亡之谷"。实际上，这里布满了生命，只不过要用显微镜才能看到。

每年夏季，当温度升至零摄氏度或略高于零摄氏度时，阳光照在冰川上，形成汩汩涓流，再汇成淡水湖，让山谷变得有生气。河床上冷冻干燥的藻类和土壤里干缩的线虫都活跃起来。红色和橙色的藻类给溪流底部画上色彩；黑色藻类为河岸钩边，如烤糊了的爆米花一般；而绿色藻类则长成毯状，大片大片的，看着就像海草。这是一条简单食物链的起点，线虫以海藻、真菌、细菌和其他线虫为食。

干谷中另一个极端生态体系，就是在无空气也无阳光的冰川下存活了几百万年的微生物群。它们新陈代谢的关键在于利用铁离子和硫离子，而非氧气。这也是冰冻的瀑布"血瀑"呈红色的原因，因为铁元素是红色的。

赖特谷是南极最长的河流——玛瑙河的故乡。该河源自赖特低冰川。河流的寿命短暂，只在南极转瞬即逝的夏季中，流淌几星期。河流流经约32千米，汇入万达湖。尽管该湖表面终年结冰，其底部的水温却与室温相当，约25摄氏度，而盐度是海水的8倍。唐·胡安池被认为是地球上最咸的湖，盐度高到了从未冻结的程度。在某些湖的湖岸上有一些木乃伊化的海豹尸体。它们在几千年前因迷路走入了干谷，却无法在这种极端环境中生存下去。

今天，干谷中生命的生存状态极其微妙，一丁点儿的气候变化都是灾难性的。所以科学家们相信，气候变化的影响将最先表现在它们身上。

大自然鬼斧神工般的雕琢和风棱石点缀着干谷表面。那富有美感的线条和抛光的侧边似乎是某个雕刻大师的作品。不过，风是这里唯一的雕琢者。上千年来，它利用沙粒和碎冰打磨着岩石。风棱石从指头般大小到房屋大小不等。最经典的呈金字塔状，平整的表面组成尖锐的夹角，并被风打磨出黑色的光亮质感。还有更奇妙的形状，可谓包罗万象，从乌龟、大象和鸟儿到飞船，无奇不有。它们被称为风化穴，是在风能和化学风化（盐分使岩石变得脆弱）的共同作用下形成的。这是典型的沙漠景观，在莫哈维沙漠和撒哈拉沙漠中也有。

上图

　　加戈伊尔山脊，位于南极干谷之一的谷口，冰冻大陆的中心。这种构造被称为风化穴，由风能和化学风化作用共同雕刻而成。

对页

　　回转冰川入侵南极无冰干谷。岩石带是这一地区的标志性地貌：在地质平静期，河流和湖泊的沉积形成金色的砂岩，而熔融的岩石则形成深色的粗粒玄武岩。

冰盖始祖

在干谷起点，南极横贯山脉限制了南极冰盖的移动。在赖特谷顶端，冰雪越过大坝，倾泻而下。从空中看，空编六队冰瀑群像一个巨型的冰冻瀑布。冰块大小如摩天大楼一般，还似乎违背了重力作用。尽管冰瀑是南极不可抵挡的冰雪势力的一个有力表现，但和冰瀑后的浩瀚景象相比，简直是小巫见大巫。

若你继续往上升，地球上最大的冰冠——南极冰冠将跃入你的眼帘。它的含冰量是格陵兰冰盖的10倍，让后者甘拜下风；覆盖面积是澳大利亚面积的两倍；平均厚度为2 160米，最厚的地方在阿德莱德岛，达到4 776米。这巨型冰盖让南极被称为地球上海拔最高的大陆。即便是阿尔卑斯山脉也会被完全覆盖在冰雪之下。

1958年，俄罗斯人发现了甘布尔泽夫山脉。它长1 200千米，高度达2 700米，却被埋藏在至少600米厚的冰雪之下。现代模型认为，沿着此山脉流动下来的冰川甚至形成了东南极冰盖。这片冰雪的形成始于4 000万年前，而今日，世界上75%的淡水和90%的冰雪都被锁在这里。若冰盖融化，全球海平面将上升65~70米，会将多数沿海城市淹没。而南极大陆本身，则会因为厚重冰雪的消融而上升450米。

南极冰冠是地球上最令人感到渺小的地方。冰雪从大陆边缘一直延伸到南极点，共2 500千米，只有少数高峰能露出峰顶。对于生命，没有其他地方环境比这里更恶劣；而对于前赴后继的探索者，没有其他地方比这里更具挑战。大气是如此之干，以至于降雪量出人意料地少。南极的年均降雪量只有5厘米。即使在北极，也只有50厘米。但由于气候非常寒冷，落下来的雪常年不化。在南极和格陵兰岛的冰冠上，冰雪永不消失。

对页

南极横贯山脉的那边便是南极冰冠——地球上最大的冰体。在某些地方，冰冠厚度几近5 000米。这里有世界上90%的冰雪和75%的淡水。整个山脉都被掩埋在冰雪之下。

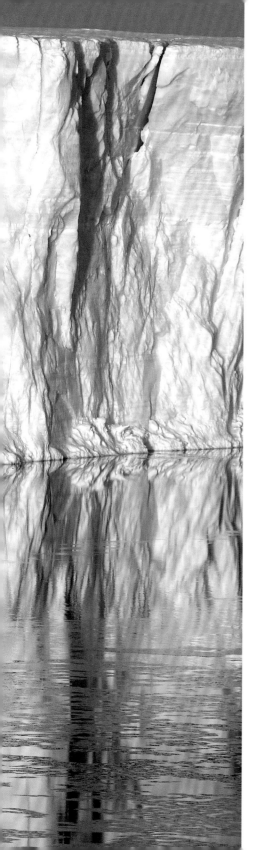

威德尔海上,一个从龙尼·菲尔希纳冰架脱离下来的扁平冰山。

扁平冰山可能会体积巨大,有的表面积达数百平方千米。有些向北漂流,最终消融在极锋北面的温暖海域中。在某些罕见情况下,甚至在南纬35度的印度洋和南大西洋中都能看到冰山。

没有任何东西,哪怕是照片或文字,能让你领略到南冰洋冰山的巨硕。在北极,衡量冰山大小的单位是立方码。而在南极,单位换成了立方千米,大小可以某些小国比肩。有记录的最大的冰山长超过330千米,宽100千米,这比比利时还大。1956年,它被发现于南太平洋上的斯科特岛以西240千米。90%以上的冰山都来自南极冰架。这些巨型冰原与大陆架相连,其中的冰雪源自从冰冠而来的冰川。最大的冰架在罗斯海附近,面积与法国相当。

极地风云

元旦那天,在零下40摄氏度的天气里,一群人围在南极冰冠上一个不起眼的洞周围。这个洞就是南极点,即地球自转轴的南顶点。绕其一周就是绕地球一周。这一点不会动,但是冰盖会以每年9米的速度,朝着海岸继续永无止境地运动。所以每年都要用GPS重新定位南纬90度那一点,并把它标识出来。1911年12月13日,挪威探险家罗尔德·阿蒙森抵达南极点时,他是通过确认太阳的位置来判断的。1个月后,阿蒙森从塔斯马尼亚发出电报,全世界才知道了他的壮举。该电报短小而精练:"12月14至17日,达到极点。"当他发出电报时,罗伯特·斯科特正和他的队友们躺在帐篷里,距食物补给站仅18千米。他们抵达南极点比阿蒙森晚了1个月。

斯科特在到达时的笔记透露出了无尽的失落:"南极点。是的,但与期待的景象相差甚远。"这里"相差甚远"是指他发现了阿蒙森的极点标记,而他本想在那里做上自己的标记。

100年前,斯科特和阿蒙森到达南极点时,他们的成就被看作人类不懈努力的最终表现,也带着国家荣誉感。而今天,极地地区的重要性有了一层更深远的含义:我们慢慢体会到,那里发生的一切,影响着全人类。

第 2 章 | **春季：万物苏醒**

万物苏醒

经过几个月的黑暗，高纬度北极地区的所有生灵终于迎来太阳的回归。2月14日，也就是春季的第一天，在北极以南1126千米的斯瓦尔巴群岛，橘色的太阳终于露出了头。就在两个月后的4月19日，日光将开始24小时不间断地照耀大地。对居住在这里为数不多的人来说，这段暮光之春的时间非常特别。光线十分充足，而且由于太阳很低，射出的光线不同寻常，为海冰和白雪覆盖的山抹上了柔粉、淡橘和浅蓝的颜色。但是气温可能仍然只有零下30摄氏度。

在冰雪覆盖的高高斜坡上，小北极熊严严实实地躲在它们出生的洞穴里，俯瞰这片海冰，妈妈充裕的奶水让它们长得飞快。母熊的奶水量比奶牛大10倍，含33%的脂肪。但要到3月中旬，小北极熊长到3个月大的时候才能够离开洞穴。到那时，它们的妈妈因为从去年秋季开始就没有进食，而减掉近1/3的体重。北极熊妈妈挑了一个无风的宁静之日钻出窝来。最开始它把黑黑的鼻子从雪中顶出来，然后整个身体破雪而出，并顺着斜坡滑下来。这么做可能是为了清理它的毛，看起来很滑稽。很快小北极熊的脸也从窝里钻出来，它们在温和的阳光下眨巴着眼睛。妈妈鼓励着它们探索这个新世界。

北极熊一家会在洞穴附近待2个星期，这样一旦天气变坏，它们就能回到温暖的家。它们85%的时间都在洞穴里，晚上在那里睡觉。但每天，熊妈妈都会鼓励孩子走得更远些，因为饥肠辘辘的它急切地想要去海冰上捕食。熊宝宝出洞时，恰逢早春时节，冬季所积的海冰依然包围着斯瓦尔巴群岛，环纹海豹在这个时候回来繁衍后代。但公熊也在这片海冰上捕食并且寻找母熊交配。对它们来说，小北极熊就是美味佳肴。

熊妈妈必须非常谨慎小心，因为带着小熊一起行走会非常缓慢，常常要停下来喂养它们。有时候，为了穿过深雪或深水，它还必须把宝宝驮在背上行走。但到它顺利捕到猎物，也就是在宝宝们3~4个月大时，它们就已经能够开始吃肉了。

上图

出洞。在斯瓦尔巴群岛，一只母熊鼓励孩子从斜坡上的洞中爬出，俯瞰整片冰冻海洋。3只小熊中最小的那只在冰上可能活不到1岁。但有些熊妈妈因为很擅长捕食海豹，而有能力让3个孩子都活过它们的第一个冬季。

对页

斯瓦尔巴群岛的冬季暮光。因为太阳非常接近地平线，因此闪耀着变幻多端的光彩。

第58~59页

第一趟旅程。熊妈妈决定是时候离开洞穴去下面的海冰上捕食今年的第一块肉了。

寻觅伴侣

北极熊的嗅觉很灵敏。据称它们在1.5千米外都能嗅到冰下的小海豹，公熊还能通过气味跟踪到发情的母熊。公熊每天都会跟踪母熊的脚印，常常通过闻气味来确定它们没有追错对象。雌雄比例相等，而母熊每3年才能繁殖一次后代（养育1只小熊需要花30个月的时间），因此公熊之间的竞争异常激烈。

如果两只公熊追求同一只母熊，它们会一决胜负。它们用后腿站立，然后抱在一起摔跤，试图从对方身上咬下肉来。如果它们实力旗鼓相当，这场争斗可以持续1个多小时，要斗到一方倒在血泊中为止。然后胜利的一方把母熊带到高地，远离捕食区和那些潜在的竞争者。

接下来的几天里，母熊会使劲卖弄自己，公熊就会完全被它吸引，它们会在雪地里快乐地翻滚嬉闹。母熊只有在交配了几次后才会排卵，

上图

争偶之战。公熊要跟母熊交配，就必须击退它的情敌。它会一直守护母熊直到它准备好交配为止，然后两只熊会在一起待几周，直到母熊愿意交配。母熊刚刚受精，它的卵子会维持休眠状态，直到秋季才会进入它的子宫。与此同时，母熊必须增加体重以保证顺利生产。

对页

追逐。争强好胜的公熊，一路血拼过来，正在追求还没想要交配的母熊。它会继续跟踪对方，关注对方的一举一动，直到它接受自己为止。

所以它们的新婚之喜要持续3周。但是公熊不会承担照顾幼仔的责任，两只熊可能从此再也见不到对方。而且，母熊很可能与其他公熊再次交配，所以它的宝宝会有不同的父亲。

捕食

环纹海豹的数量达700万只之多，它们是北极数量最多的哺乳动物，也是北极熊最主要的猎物。4~7月是北极熊的捕食高峰期（它们90%的食物是在这段时间捕获的），这段时间冰还没有全部融化，所以能捕到脂肪肥厚的海豹。其实，在海冰上繁殖的北极海豹，它们的生命周期会因捕食者北极熊的威胁，而受到影响。

竖琴海豹和冠海豹选择在更南边的碎浮冰上生育子女，在那里北极熊不容易找到它们。但是这些会漂流的浮冰也有潜在的危险，所以海豹要尽可能早地让孩子断奶，这样它们就能自己游泳了。冠海豹有充沛的母乳，其中包含60%的脂肪。一只小海豹出生后只需要4天就能跃入海中游泳——它们是断奶最快的哺乳动物。

环纹海豹在更北部繁殖，那里的冰面更坚固，但是也更容易招来北极熊。它们的幼仔要花6~7个星期才能断奶，所以它们必须把幼仔藏好，不让北极熊发现。在秋季，海水冻结，浮冰逐渐拼接起来，形成长长的冰脊。雪沿着冰脊堆积起来，环纹海豹就在这里给幼仔挖出温馨的家。每一个窝都有直通海洋的逃生出口，海豹妈妈一般会在冰上留好多出气口来迷惑北极熊。

春季的时候，北极熊，特别是母熊和熊宝宝，沿着这些冰脊捕食，用鼻子闻出新生海豹宝宝的藏身之所。但是要真的捉到猎物非常困难，因为海豹宝宝对震动很敏感，它们会从逃生出口逃到海里。所以北极熊必须缓慢轻巧地移动自己的步伐，然后再直捣黄龙。不过大部分时候，这样的突袭都不会成功。在夏季来临前，捕食环纹海豹显得更有价值一点，因为这时它们喝饱了妈妈的母乳，身上50%都是脂肪。

上图

猎物小海豹。一只北极环纹海豹的幼仔趴在冰上，它的妈妈正要给它哺乳。脖子上白色的毛说明它还不足6周大，但它已经会潜水了——这是逃避捕食者北极熊的必备技能。对北极熊来说，现在是捕获脂肪丰腴的海豹宝宝的关键时期，因为后者不会远离洞穴。

对页

浮冰捕食区。春季和初夏是北极熊的丰收时节，这时冰层比较坚固，捕食小海豹会相对比较容易。

一只北极熊每天需要约2千克脂肪才能存活。一只正常体重的环纹海豹重约55千克，可供北极熊吃8天。

一旦海豹宝宝能够自信地游泳，要抓住它们就很难了，而且随着时间的流逝，海冰开始碎裂。3月，北极的海冰面积是1 500万平方千米，但是在后面的6个月里，2/3的冰块会融化。这么大的气候变化主导着所有极地动物的生命，对北极熊来说，这就意味着它们脚下的地方要化为乌有了。在加拿大的哈得孙湾，由于海冰过早融化导致北极熊的捕食季缩短了近3周，导致北极熊的平均体重下降15%，而哈得孙湾的北极熊总数也下降了不止20%。

下图
　　加拿大哈得孙湾，北极熊在海冰上偷袭捕食。这是标准的偷袭姿势，北极熊嗅到海豹的气味后，耐心等待，在它浮上水面呼吸时抓住它。

对页
　　水中追捕。北极熊慢慢滑入浮冰间隙的水中，尽量不溅起水花。

追踪，捣破，抓捕

1

4

上图

　　一头北极熊在加拿大的浮冰上捕食海豹。环纹海豹是北极熊最爱的猎物，它们在坚固的冰上繁殖，因此很容易被北极熊捉到。

右图

技巧

　　图1~图2　在永无黑夜的春季和夏初，北极熊沿着冰脊巡查，用嗅觉寻找冰雪洞穴中的小海豹。稍微发出一点响声或震动都会让受惊的小海豹从逃生出口逃走，所以北极熊必须非常小心。

　　图3~图6　北极熊一旦找到环纹海豹的洞穴在哪里，就会用力踩脚，以捣破洞穴，试图在小海豹逃走前抓住它们。如果雪很松软，北极熊每踩脚3次就能成功1次。但是如果碰到很硬的雪地，有时候它们要尝试20多次才能有收获。如果闯了空门，北极熊会用头堵住刚刚弄出的洞。有一种说法是因为这样做能挡住阳光，让海豹以为洞穴是安全的。不管是否真是如此，北极熊都无疑是相当聪明的猎手。

2

3

5

6

群鸟返乡

随着阳光渐渐将冰雪融化，搬去遥远南方过冬的动物们也开始回家了。上百只优雅的管鼻藿挨着冰面，慢慢地滑行回来，悬崖因为数千只海鸟发出此起彼伏的叫声而变得生机勃勃。每年有64种不同的海鸟回到北极繁衍后代，数量最多的是海雀，包括海鸠、尖嘴海雀和海鹦等。从很多方面来讲，海雀就是北极版的企鹅。它们也能潜入很深的水下捕鱼，据资料显示，扁嘴海鸠（北极鸥）能潜到水下210米，只有最大的企鹅才能超过这个纪录。当然，海雀与企鹅最大的区别是，海雀会飞。它们必须得飞。在南极，陆地上没有捕食者，但是在北极，狐狸、狼甚至北极熊将它们的蛋或幼鸟当成盘中美食。

另一种躲避被捕食的方式是把巢筑在极高的悬崖峭壁上。海鸠和尖嘴海雀等许多鸟类在悬崖上筑了成千上万的巢。这些鸟巢成为极地世界一道亮丽的风景线。鸟巢下面是碎石坡，这为北极数量最多的鸟类——海雀——提供了天然的避难所。这些八哥大小的鸟儿能够挤在岩石中间以躲避北极狐的追捕。超过100万只鸟儿居住在格陵兰，那里是最大的海雀栖息地。

上图

追食。扁嘴海鸠回到它们的集体繁衍地——斯瓦尔巴群岛的山崖上。

对页

管鼻藿的回归。管鼻藿被誉为北极的信天翁，它们能活到35岁，并且对配偶极其忠诚，每年都回到最初的巢穴。

第70~71页

怒海争锋。这些三趾鸥在斯瓦尔巴群岛的冰川边缘捕鱼。冰雪融化成的冷冽清澈的海水使得浮游生物拥有丰富的营养成分，大量生长，从而吸引了大量的鱼类和鸟类。

鲸鱼回家

海冰上裂开巨大的缝隙，给鲸鱼提供了回家的通道。4月，第一批返乡的鲸鱼是重60~80吨的露脊鲸，它们是唯一会在北极待上一整年的须鲸（滤食性摄食）。它们在冰缘或冰穴，也就是海冰中巨大的洞穴里等到冬季结束。露脊鲸习惯在冰中生存。它巨大的头占身体比例1/3还要多，被一层厚厚的纤维组织覆盖，能穿透50厘米的冰层，长在顶部的出气孔使它们可以利用冰层中的小洞来呼吸。

一群露脊鲸在冰层中寻找出路时，用低吟和高鸣来传递信息。露脊鲸巨大的嘴巴相当于小型的停车库，能容纳600根最大的鲸须。它们用这些4.5米长的筛子捕捉桡足动物（如虾类）——每天能吃下2吨。北极的桡足动物相当于南极磷虾。冬季时，这两种甲壳类动物都靠吃冰面下的海藻和微生物存活。春日阳光将冰雪融化后，海藻生长繁盛，海洋中便冒出大群的桡足动物和磷虾，它们分别是北极和南极的食物链基础。

在露脊鲸出现不久后，北极又迎来另外两种鲸鱼，独角鲸和白鲸。它们和露脊鲸一样，都没有背鳍，这样穿越冰层就比较容易，只要用背部顶穿冰面即可。但是跟露脊鲸不同的是，这两种鲸鱼都是齿鲸。在冬季，独角鲸在北极海盆的深水中捕食海鱿鱼，它们能潜到水下1 500米。但独角鲸最出名的还是它们3米长的尖牙。这根尖牙的确切作用不得而知，但只有雄鲸用它来游戏，可能这根尖牙有一定的社会性作用。常常可以看到一群雄鲸用它来进行小型的击剑比赛，这可能是争取配偶的一种方式，但没人可以确定这一点。

随着冰雪融化，独角鲸和白鲸游向积冰深处，有时候为了寻找新的觅食地，它们一天内可以迁移80千米。一群白鲸聚在一起工作，它们不断扇动周围的冰层，以防止冰再冻结起来。但碰到寒流来袭，冰层再次冻结，它们有可能会被困在冰层中的小洞里。鲸鱼必须停下来呼吸，所以常常成为北极熊和因纽特人捕猎的目标。

上图

对抗中的独角鲸。没人可以百分百确定为什么它们要互相碰擦自己的尖牙，但因为这是只有雄性才有的行为，所以或许这是争夺统治地位并争取配偶的方式。

对页

一头露脊鲸在巴芬岛冰缘捕食后休息。露脊鲸沿着不断融化的冰缘游来，鲸须筛出在水中的桡足动物，这是它们的食物源。它们是鲸脂最厚的鲸鱼，这使它们能很好地存活于北极冬季的冰层下。

冻土回春

春季伊始，北冰洋周围大片不毛的冻土地带仍然被覆盖在白雪之下。但当太阳升起，冰雪融化，荫蔽地带长出一小片一小片的植被。生长季实在太短，所以只有最坚强的植物才能生存。紫色虎耳草是最北的开花植物，最北的生长地在格陵兰岛以北、北纬83度的地方。冻土地带唯一的树是极地柳。虽然它最多只能长几厘米高，但却是很多极地动物得以存活的重要食物，其中包括北极最特别的昆虫。

北极灯蛾毛虫是少数在春季活动的昆虫之一，冬季它们被裹在茧里面，等到春季就早早地钻出来。毛虫跟其他蜘蛛和甲虫一样，通过分泌甘油防止自己重要的细胞内形成冰晶，以度过寒冬。

上图

俄罗斯楚科奇地区附近的岛上，开出春季的花朵。这些花包括粉色的北极紫云英、白色的山杨花和蓝色的北极勿忘我，它们为随之而来的大黄蜂和蝴蝶提供了充沛的花蜜。

地表解冻之后，它们只有3周的时间能吃到极地柳新鲜的叶子，那之后，这种植物就会分泌出有毒物质。因此毛虫无法储存足够的食物来变成飞蛾。它们只能再熬过一个冬季。事实上，灯蛾毛虫要花14年的时间才能结成蛹，所以它们是最长寿的毛虫。

南极绿洲

在漫长冬季即将结束的时候，南极大陆被海冰包围，南冰洋超过一半的部分被冰雪覆盖，覆盖面积是南极大陆的两倍多。大陆上的野生动物都是以海洋中的食物为生的，所以南极洲就成为最无生气的荒地。

　　3岁的灯蛾毛虫趴在紫色虎耳草上。它们可以觅食的时间相当短，主要食物是无毒的极地柳新鲜的叶子，这使得它需要花14年的时间才能结成蛹，并变为飞蛾。

但是在南极洲外围，有一些岛屿从来不会结冰，能终年作为野生动物的维生之所。最大的亚南极岛是南乔治亚岛，它位于马尔维纳斯群岛（英国称福克兰群岛）以东1 500千米，距离南极大陆以北也差不多是这么远。这座岛屿长170千米，平均宽度达30千米，它就好像是掉进海里的阿尔卑斯山。冰川沿着冰山山脊，从峰顶直泄而下。南海岸和它所面对的南极大陆一样被冰雪覆盖。但夏季的北海岸则是茂盛的一片绿野，被广阔的草地覆盖。

浪子回家

9月初春，南乔治亚岛仍会遭到暴雪袭击。但草的高度能没过信天翁的脖子，它们便靠草地躲避风雪的吹打。信天翁跟成年的疣鼻天鹅一样重。它笔直地站在巢中时，高度达1米。幼鸟需要1年多的时间才能长出丰沛的羽毛，也就是说成鸟只能每两年繁殖一次后代。幼鸟在冬季里什么都做不了，只能等着父母。成鸟每隔2~3天会从南冰洋回来，给幼鸟喂食。成年信天翁有长达3.5米的双翼，使它们能长时间飞行在大风呼啸的海上（卫星追踪到信天翁能一路飞到巴西南海岸觅食），但翅膀也使它们只能在风大的南极北岸繁育后代，因为那里可以通向大海。

王企鹅也在南乔治亚岛繁衍后代，冰川融化留下的冰碛组成了宽广的海岸平原，给王企鹅提供了养育子女的场所。成千上万对王企鹅来到这里。在冬季最寒冷的时期，这些毛茸茸的棕色大鸟在它们的"育儿所"里紧紧挨在一起。王企鹅和漂泊信天翁一样，整个冬季都要喂养自己的孩子，因此只能待在没有冰雪的亚南极洲群岛。这种企鹅体积庞大，站起来将近1米高，幼鸟需要10~13个月的时间才能长成这么大。

9月末，春季还未完全结束，王企鹅就迎来了初夏的第一批客人。雄性南极象海豹带着4吨重的厚皮身体浮出水面，来到这片繁衍后代的海滩。

　　南乔治亚岛上的海滩老大。雄性南极象海豹会比雌性象海豹先来到海滩上，它们将决出谁是老大。等雌性象海豹来到这里，获胜的雄性象海豹会建立起自己的"后宫"，在之后的日子里繁衍后代。岛上的王企鹅若要到海边，需穿过象海豹群。

对页

　　暗中交配。不能组织"后宫"的雄性象海豹待在海浪边，试图找寻要回到海中的雌性象海豹进行交配。但后代最多的是那些胜出者——将近90%的小象海豹都是它们的子女。

　　几周后，雌性象海豹也来到这里。雄性象海豹长5米，雌性象海豹身长是它们的1/3。除了每年要繁衍后代的那几个月，象海豹大部分时间都在海里。世界上60万只象海豹中，有一半以上都在南乔治亚岛上繁殖。光是圣安德鲁斯湾的海滩就吸引了超过6 000只象海豹。在旺春的10月，成群的象海豹成为这片海滩上的一幅胜景。

海滩霸主

　　3千米长的海滩上，堆起了一道10~20只象海豹厚度的象海豹墙。雄海豹为了保卫自己的"后宫"而互相争斗，最后剩下的是100多头最强的。雄海豹互相叫嚣着，在海滩上形成巨大的回声。为了增强自己的叫声，它们会用大鼻子用力吹气，以显示自己的实力。靠鼻子比吼声有时候能一分胜负，但如果碰到实力相当的两方，战斗可能会升级为惨烈的角斗。对阵双方叫嚣着站起来，站到最高的时候只有尾巴着地，然后就将自己用力扑向对方。

两只海豹都想要咬住对方，撕碎对方的鼻子和脖子上的厚皮。交战可能会持续15分钟，直到某一方筋疲力尽。

雌海豹来到此处后就会受孕生子。到11月前，大部分雌海豹进入发情期。对雌海豹的争夺变得异常激烈——只有30%的雄海豹能得到交配的机会。这个时节对小海豹来说是很危险的。如果某片区域的海豹王发现在它领地周围有敌人伺机而动，它会一路冲出自己的领地，将挡路的雌海豹扔到一边，并将看到的小海豹踩碎。4吨重的象海豹在遭到威胁时的奔跑速度之快令人惊奇。

同其他极地海豹一样，象海豹妈妈能产出丰富的奶水，所以它们的孩子成长得很快。只需要4周时间，它就可以离开孩子回到海中。到11月底，几乎所有成年海豹都会离开，海滩上又只听得到海浪声和企鹅的叫声了。王企鹅回到它们的孩子身边，则再也不用经过很多海豹。

求爱

10月，南乔治亚岛又迎来了新的住客。灰头信天翁和黑眉信天翁也开始在草丛覆盖的山坡上活动。虽然它们的体积只有漂泊信天翁一半大，但这些小鸟也是迎风飞翔的高手，也善于在陡坡上筑巢，在那里它们可以享受到上升的气流。它们还很喜欢社交，常常比邻而居，形成一个大群体。最大的信天翁繁殖地在南乔治亚岛的西端，也就是威利斯群岛，看起来像一排灰色的尖牙伸向大海。春季时，成千上万的信天翁在岩石堆周围围成一个圈。

灰头信天翁和黑眉信天翁同漂泊信天翁一样，信奉一夫一妻制，而且每年都会回到自己原来的巢穴。它们求爱的方式比较简单，但是却很亲密，两只恋爱的小鸟会温柔地为对方梳理头上的羽毛。但这两种信天翁吃的东西却很不一样。黑眉信天翁爱吃磷虾，而灰头信天翁主要吃鱿鱼，以及南乔治亚岛特有的七鳃鳗。黑眉信天翁每年都会繁育后代，但是灰头信天翁则隔年繁育一次后代，可能是因为后者的食物相对比较难找。

对于许多人来说，春季真正到来的标志是最后一批归来的信天翁，也就是灰背信天翁，它们奏响了捕猎的号角。

很少有海鸟的翅膀能如此漂亮，修长的灰色翅膀显得异常优雅。跟其他信天翁筑巢的习惯不同，灰背信天翁的领地感很强，它们在南乔治亚岛海岸上筑巢，并孤独地守护在此。雄鸟先飞回来，试图用两节音来吸引雌鸟的注意。求爱的雄鸟昂起头，一遍遍发出叫声。最终这爱情之歌能打动一只雌鸟的芳心，飞来它身边，它们会一起昂头朝向天空，展开它们的尾羽。最后，这对爱侣会飞向空中同步向对方示爱，雄鸟会模仿雌鸟的一举一动。以南乔治亚岛壮美的群山为背景，这样的景象就像是一幕动人的空中芭蕾。

群鸟汇集

到了夜间，山坡上到处是归来的海鸟。在草丛中漫步则变得很危险，因为被鸟洞占满的地面像是蜂窝煤，随时可能崩塌。这里是海燕的家，它们大部分时间都在南冰洋上飞翔，但此时回到陆地上来繁殖。南冰洋如此广阔，没人能确定它们的确切数量，保守的估计有1.5亿只。春季，首先回到南乔治亚岛的是蓝鹱。它们很早就到达这里，常常发现自己的巢穴还没解冻，为了避免这样的问题，它们在冬季会定期飞回来松松雪。紧随它们而来的是无数身形娇小的鹈燕、2 200万只鸽锯鹱和200万对白额鹱，后者也被称为"鞋匠"（它们求爱时不断发出的叫声，让捕鲸者们想到鞋匠缝纫机的声音）。

每天晚上，大量的海燕会聚集在南乔治亚岛附近的海域上。它们在等待夜幕的降临，以便躲过守候已久的饥饿的贼鸥。鸟儿们在夜幕下走进自己的领地，扇动着翅膀，不停地叫着，用翅膀扇过彼此脸颊。无论在白天还是黑夜，海鸟数量都如此庞大，昭示着南冰洋里有丰富的海产。

企鹅国度

亚南极群岛也是最成功的企鹅——马克罗尼企鹅的家。这个时节，大约有900万对马克罗尼企鹅进入繁殖期，保守估计其中50%会来到南极洲，聚集在一起。光是南乔治亚岛上就有500万个小企鹅窝。它们名字的由来是源于两只眼睛上各有一撮金黄发亮的毛，会让人想起18世纪的马克罗尼探险队——一群在帽子上插了昂贵羽毛的年轻人。

和其他企鹅（帝企鹅除外）一样，马克罗尼企鹅也把蛋下在裸露的岩石上。靠近海岸的宽大岩石有限，所以马克罗尼企鹅常常挤在一起。雄企鹅先回来，8天后雌企鹅也跟着回来。已经找好驻扎地的企鹅夫妇会拼死保卫自己占领的岩石，用嘴啄开企图靠近的企鹅，而把巢筑在最高处的企鹅，在走下来时会一路被其他企鹅啄到。

另一种在南乔治亚岛上繁衍后代的企鹅拥有全然不同的性格。金图企鹅（也称巴布亚企鹅）是懒散的代名词。世界上一共大约有30万对金图企鹅，其中1/3驻扎在南乔治亚岛。跟马克罗尼企鹅一样，金图企鹅也需要裸露的岩石来下蛋，也会爬到高高的山坡上去寻找这样的石头。若地面上的雪还没融化，你可以看到它们艰难地在山坡上爬行着，常常还会滑下来。但比起马克罗尼企鹅，它们的聚集地比较平和安静。同时，与以磷虾为食的前者不同，金图企鹅以南乔治亚岛附近的小鱼为生。在更南边的南极半岛上也会发现金图企鹅的巢穴，它们要到11月才会下蛋，因为它们得等到海冰消融。

半岛企鹅

南极海冰在9月21日也就是春分时开始消融。这时太阳经过赤道线，开始往南移动。在接下来的5个月里，超过80%的海冰会融化，南冰洋也将再次富有生气，野生生命随着冰雪融化而复苏。

上图

金图企鹅和它的孩子们。跟所有小企鹅一样，金图企鹅需要寻找没有冰雪的地方筑巢。南乔治亚岛上的企鹅比在南极半岛上的同类更早进入繁殖期，因为后者得等到海冰消融后才能下蛋。

对页

马克罗尼企鹅在南乔治亚岛库泊湾的斜坡上滑行。它们正在去海边捕食磷虾的路上，而配偶则留在原地孵蛋（通常是两枚蛋）或守护着草堆里的小企鹅。

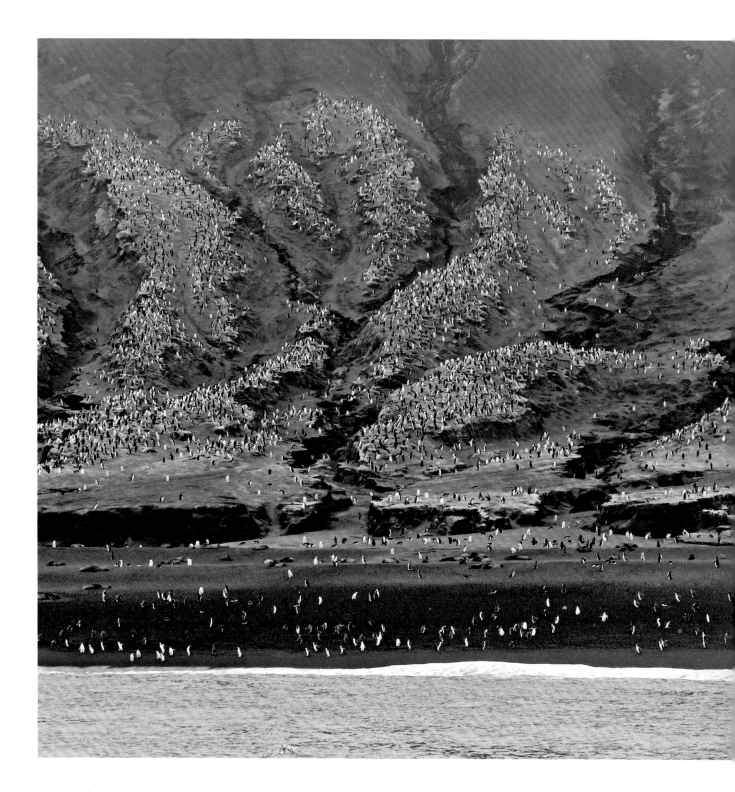

灰石坡领地。数百万的颊带企鹅来到相对温暖、没有冰雪的南桑威奇群岛的火山斜坡上筑巢，这片群岛是南极半岛的一部分。光是扎沃多夫斯基岛上就有差不多200万只企鹅。比起住在南边的阿德利企鹅，这里的企鹅拥有更长的繁殖期，因为气候更温暖。

颊带企鹅起飞。它们名字源于下巴上的一条深色毛发带。这些企鹅主要吃磷虾，而在扎沃多夫斯基岛上的企鹅还会吃附近海域里的鱼。

首先从冰雪中苏醒的是南极半岛，这座岛就像大陆延伸而出的一条长臂，手中还拿着一个煎锅，周围点缀着许多群岛。只有0.32%的大陆会从冰雪中解放，而大部分的裸露岩石就在这里了。

夏季，摆脱了冰雪的南极海域比大陆的气候更温和，因此也成了许多南极生物的家园。这里也住着别的地方所没有的企鹅，即颊带企鹅。650万对颊带企鹅中的绝大多数只能住在这片地方。最大的聚集地在南桑威奇群岛中的扎沃多夫斯基岛，那上面居住着大约200万对企鹅。火山岛斜坡上的积雪早早就融化了，许多企鹅开始想办法在斜坡上筑巢。颊带企鹅是所有企鹅中最吵的一种，它们不断发出响亮的叫声，这种声音和它们的气味成为企鹅聚集地的标志。

颊带企鹅以磷虾（像虾一样的甲壳类动物）为生，但近几年企鹅数量和分布范围都减少了，可能是由于磷虾数量减少和海冰面积缩小的缘故。

下图

    威德尔海豹妈妈和它的宝宝。冬季，它在罗斯海的浮冰上产仔。这片海域总是不平静，层层波浪让冰块不断出现裂缝，这也保证它总能自己生孩子。

右图

    巨型威德尔海豹。这只海豹重约1吨，将近3米长。整个冬季它都会待在南部的冰块下，用牙齿保证换气口不会封闭。

积冰上的生活

　　春季，南极大陆仍然被冰雪包围。尽管随着夏日临近，冰雪开始慢慢融化，这片区域仍然是世界上人们了解最少、也踏足最少的荒野之地。即便对于最先进的破冰设备，这里不停变换的浮冰也是一个极大的挑战。这片冰面已经成为1 500万头食蟹海豹的家园，但只有从空中鸟瞰才能感受到这一点，而它们也是地球上数量最多的一种海豹。食蟹海豹是孤僻的独居者，如果你在10月飞过积冰，会看到许多母海豹独自在冰上产仔。

　　食蟹海豹天生就是在冰上生活的料。它们其实不吃螃蟹（南极水域里没有螃蟹），但它们吃一种甲壳类动物——磷虾。它们以长长的、相互交错的牙齿为筛子，从水里筛出磷虾。它们的分布也跟随着不断变化的磷虾和浮冰而变。

　　在南极深处，那永不融化的冰雪之地，你会发现跟北极的环纹海豹很相像的动物。威德尔海豹是生活地最南的哺乳动物，也是唯一一种整个冬季都在南极生活的哺乳动物。它们体积庞大，但是脸型娇小可爱，灰色的皮毛上点缀着黑色的斑点。

在隆冬时节，威德尔海豹因为外面天气太冷而无法露出冰面，大部分时间都待在水下。但它们必须要用牙齿保持换气孔畅通无阻。有人认为，是牙齿的磨损让其寿命缩短到只有20年，只有其他大部分海豹寿命的一半。

威德尔海豹的繁殖方式非常棒，方法介于独居的食蟹海豹和群居的象海豹之间。雄海豹负责保卫在换气口和冰面裂缝周围的水下领地，并和前来透气的雌海豹交配。只有一半的雄海豹有能力维护自己的领地，因而对换气孔的争夺是异常激烈的。威德尔海豹是很爱发出声音的动物，而唱歌在领地之争中扮演了重要角色。如果你每年这个时候潜到水下，就会听到非同寻常的海豹之歌——一种夹杂着口哨声、嗡嗡声、颤声、唧唧声和呻吟声的奇怪组合，在32千米之外都能听到这种声音。当歌声无法驱逐进犯者时，激烈的水下争斗就展开了，许多雄海豹也因此负伤。

雌海豹在春季爬到冰上产仔。在北方，这样的情况9月就会上演，但是在南方，由于天气非常寒冷，通常雌海豹要到11月才会上岸产仔。对新生小海豹来说，从37摄氏度的母体一下进入冰冻世界，反差相当大。

寒冷是威德尔海豹妈妈急于把初生的海豹带回水中的一个原因。小海豹出生1周后就能自己游泳了。但它们的断奶期比其他海豹都要长，需要7周时间。但那之后，它们不需要像北极的环纹海豹那样担心被北极熊捕食。

南部腹地的企鹅

只有一种企鹅会深入南极并在南极大陆上产仔。阿德利企鹅看上去就像漫画里的动物，穿着小礼服，走路扭扭歪歪，但它们比其他企鹅更能够适应在南极腹地繁衍后代。最南的阿德利企鹅聚集地是罗伊兹海角，距离南极极点只有1 300千米。

上图
坐于风雪中。因为海洋温度升高，在春夏季，克罗泽角的阿德利企鹅聚集地常有暴风雪光临，而且越来越频繁。大雪会覆盖还未孵化的蛋和企鹅幼仔，很多企鹅死于这样恶劣的气候。

对页
阿德利企鹅在散步。不产仔的企鹅在克罗泽角附近的山里散步，也许是去寻找新的筑巢地，也可能是躲避山下的嘈杂，要知道那里聚集了近50万只企鹅。

右图

准备筑巢，克罗泽角。雄性阿德利企鹅先到达聚集地，选择最好的筑巢点，为筑巢积累石子，有的还会从粗心的邻居巢里偷石子。对随后到来的雌企鹅，会堆石子的雄企鹅更有吸引力。这可能是因为比较牢固的巢穴可以保护企鹅蛋和小企鹅不受融雪和稀泥侵扰。

虽然阿德利企鹅长得矮小，但却有厚实的皮毛和皮下脂肪，这让它们可以在严酷的季节里抵御寒冷，也算是一种食物储备。它们的小短腿有一半被毛发覆盖，两个鼻孔紧贴在一起以减少身体热量的流失。这些特质都使阿德利企鹅变得非常坚强。它们必须坚强，因为它们要在最恶劣的环境里度过最短暂的繁殖期。

在如此靠南的地方进行繁殖，要面临一个问题，那就是前往南方的时候，海冰还没有消融。也就是说阿德利企鹅要在冰上长途跋涉，在气候非常不好的年度，它们需要跋涉100千米。成千上万的黑色小点穿越过大块海冰，这景象预示着在这地球的最南部，春季就要来到。它们用肚子在冰上滑行，或只是走着，目标是找到原来的巢穴。在大陆边缘，裸露的岩石是非常稀有的，所以有些阿德利企鹅的聚集群非常庞大，其中亚达尔海角聚集群是最大的，那里有超过22万对阿德利企鹅。

阿德利企鹅也非常忠诚于自己的配偶，并每年都回到同样的巢穴里。它们在10月底来到此处，两三周后，这里就开始忙碌热闹起来。雄企鹅为了吸引雌企鹅的注意，会收集许多小石子，用来和伴侣一起搭筑碗状的爱巢。阿德利企鹅有盗窃癖，它们会从别的企鹅那里偷石子。

到11月底，雌企鹅会下两个蛋，但是在南部，它们还需要面对另一个挑战。海水温度上升，大陆和海岸上空的冷空气下沉，许多阿德利企鹅在暴风雪中身亡。而那些活下来的企鹅在回到海中捕食前，还有很长的路要走。雌企鹅下完蛋后就出发，留下雄企鹅在原地做第一轮孵化。在雌企鹅回来轮换之前，雄企鹅要在这里饿上整整3个月。

阿德利企鹅必须很小心地选择繁殖地。春季的时候，它们需要大风来吹走冬日的积雪，露出岩石，再在岩石上下蛋。小企鹅将在12月被孵化出来，它们需要海冰在这之前就融化，这样回到海中的路途可以短一点。每年的情况都不同，只有等到夏季才能知道阿德利企鹅的这个繁殖季是否成功。

第 3 章 | **夏季：生命繁衍**

生命繁衍

7月的北极迎来盛夏——24小时阳光普照，非常温暖。对于北极熊妈妈和它的幼仔来说，赖以生存的坚固的海上冰台在它们的脚下渐渐融化，变成了飘浮不定的残破冰筏，非常危险。幼仔虽然已有半岁大，但还未体验过流动的水。熊妈妈跳进附近的冰水里，幼仔则提心吊胆地守候在危险的浮冰上。饥饿的熊妈妈迫切地寻找猎物——小海豹。它是个游泳健将（北极熊一天可游100千米），力大无穷，用巨大的前爪游出狗刨式。幼仔怕被落下，最终也跳下了水。学习游泳是必需的，因为它们一生中的大部分日子都和水密不可分。

捕猎海豹

早春，北极熊的主要猎物——环纹海豹幼仔和它们的妈妈——很喜欢待在自己的冰上巢穴里，此时，北极熊占尽优势。但是一旦海豹幼仔学会游泳，冰块开始破碎，那时再捕猎它们，难度将大增。北极熊现在可以使用两种不同的捕猎技巧——伏击和围捕。在大冰块或者冰上的融洞旁伺机而待，希望海豹会浮上来呼吸，这就是伏击，最普通的捕猎技巧。否则，北极熊妈妈就会改为围捕。

海豹幼仔一离开巢穴，便向残存的碎冰爬去。白色毛皮提供了伪装，它们视力很好，对震动也很敏感。为了不知不觉地接近它们，北极熊的行动要悄无声息。在冰上发现有海豹出没后，北极熊按兵不动，分析形势，想出最佳捕猎策略。接着就是一场游戏，它像它的祖辈一样，低着头悄悄接近猎物。只要进入15~30米范围内，北极熊就会猛冲过去，在海豹潜入呼吸口之前抓住它。

夏季，海冰崩解，碎冰越来越多，待在碎冰上的海豹也散布得更广，一些北极熊开始进行水上围捕。它们尽量在水下潜行，只在呼吸时上浮，仅露出鼻子的顶部，隐匿在碎冰后面。

上图

察觉危险。幼仔不断地向熊妈妈学习，包括为何不能打搅它捕猎，以及围捕潜在猎物的最好方法。

对页

海冰之旅，瓦普斯克国家公园，马尼托巴湖，加拿大。幼仔至少会在熊妈妈身边待到一岁半，常常还会超过两岁，直到它们能自行捕食。

第97页

水生模式。一旦夏季来临，冰块破碎，北极熊就必须追随它们的猎物海豹下水。长长的脖子能让它的头露出水面。

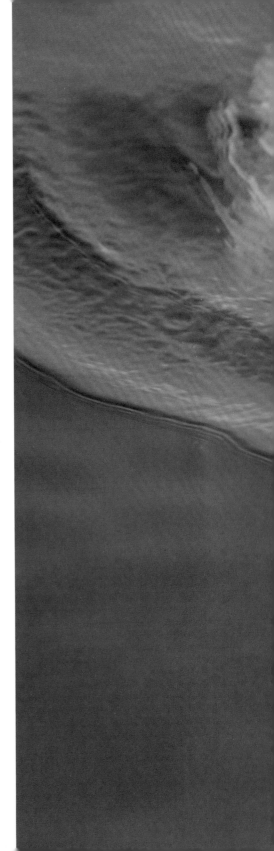

　　水上围捕。在斯瓦尔巴群岛北部，这只大公熊为了捕食海豹，正在浮冰之间慢慢潜行。它以巨大的、有部分蹼的前爪为桨，用后腿作舵，能在水下闭气超过5分钟。

　　在夏季，因冰块融化，海冰上出现水渠，而另一种捕食战略，就是利用这些水渠。这些水渠最深50厘米，在北极熊划动四肢靠近猎物时，能提供很好的掩护。

　　对于带着两个半岁宝宝的北极熊妈妈来说，出其不意地靠近一只海豹或它的幼仔，是一项高难度的挑战。熊宝宝们仍在哺乳期，无法理解捕猎的紧迫性。它们爱玩，当母亲在一个海豹的呼吸孔边静候时，它们会失去耐心。但这也是学习的一部分。如果它们打搅到母亲，它就会赏它们一记耳光。

　　夏季，在非睡眠时间里，母熊将35%~50%的时间用在捕猎上，而捕猎常常发生在夜间，因为那时海豹比较活跃。每天1/4的时间是北极熊的睡眠时间。饱餐后的熊妈妈和幼仔蜷缩成团，背对着风，也许只睡1~2小时，但有时候也会延长到8小时。

鱼群聚集

　　对北极熊来说，夏日漫长的一天令它们的日子愈发难过。但对绝大部分北极野生动物来说，夏季充满了机会，只是太短暂。随着冰块消融、河水解冻，河流带来养料，再加上温暖的气候，海洋生物大繁荣。庞大的北极鳕鱼群沿着海岸聚集，从空中望去就像是黑色的浮油。一个庞大的鱼群包含9亿多条鱼。

　　为何有如此大量的鳕鱼聚集，原因还不明。它们不是来产卵（上一个冬季就在冰下产过卵了），也不像是来觅食的，它们总是腹中空空。原因也许是捕食者众多，聚集成群能减少个体被吞食的机会。当然，这些鱼是北极海生食物链极重要的组成部分。

　　有时单个鱼群会受到数百条白鲸、独角鲸和竖琴海豹的攻击。当哺乳动物在鱼群中肆虐横行时，惊恐的鱼儿浮出水面，落入数千只三趾鸥和管鼻藿口中。它们狼吞虎咽，在24小时内就能吃下50万条鱼。

海鸟之城

仲夏，北极巨大的海鸟城异常繁忙。高出海面数百米的悬崖，无数喧闹而聒噪不停的海鸟占据了悬崖的每个侧立面，而空中则满是返巢育雏的大鸟。整个北极都散布着这种巨大的据点，体现着夏季北冰洋的富饶。但其实占据这类聚集地的海鸟品种极少，只有海鸠和两种北极鸥——黑脚及罕见的红脚三趾鸥，三者占据了绝大部分地盘。

海鸠在高空筑巢有两个诀窍。它们的蛋是圆锥形的，总是围绕尖头旋转，所以不会横向滚动。这些蛋还是海鸟之中独一无二的彩蛋，在拥挤的悬崖上，可以被大鸟轻易找到。三趾鸥的巢筑在更窄的岩石突出部分，有时只有10厘米宽。为了不让蛋滚落，它们小心翼翼地用厚厚的泥浆、海草和其他植物筑巢，通常超过1米高。管鼻藿不会筑巢，必须占用悬崖上较宽的位置；而海鸠的筑巢方法则避免了与管鼻藿竞争。

角色置换

绝大部分飞回北极繁衍的鸟类，包括其他所有的鸥，都不会在悬崖上筑巢，但这里也没有树的庇护，所以只好在地面安家，其中包括两种脾气暴躁的红色瓣蹼鹬。平时我们常会在池塘边见到这种鸟，它们围着一个小圈打转，试图把昆虫逼至水面。对这两个物种来说，它们的性别角色是反常的。雌性在求偶期有着明亮的颜色，为争夺配偶互相攻击。一旦产下卵，它们就飞往南方，留下雄性完成剩余的孵育工作。雄性则有着与其他雌性海鸟相似的暗色羽毛，在孵化鸟蛋时，这种羽毛能提供完美的伪装。

雌性绒鸭也常常在附近筑巢，伪装得与瓣蹼鹬一样好。北极有4种绒鸭，它们的雄性都有漂亮的翅膀。

上图

普通的海鸠蛋。一只海鸠在悬崖边的突出部分产下一枚蛋，只有能飞或者能爬上悬崖的捕食者（通常是人）才能够触及。蛋的圆锥形状使它不会掉出去，其独特的标记也让大鸟能立刻认出它。

对页

斯瓦尔巴群岛，雀山，扁嘴海鸠正在筑巢。只要幼鸟准备好离开（不仅能飞，而且能游水），它们就会滑翔到下面的海上。

体形最大的是普通绒鸭，其鸭绒可以用于填充鸭绒被。母绒鸭会从自己的腹部啄下柔软的绒毛，整齐地铺在巢穴里。在孵化过程中，当它不得不出去休息的时候，就把蛋藏在绒毛里。

南极的企鹅没有陆地天敌，但是在陆地筑巢的北极鸟类，不得不忍受北极狐甚至北极熊的定期骚扰。对于一只北极熊来说，几个绒鸭蛋似乎太少，但在难以捕猎海豹的夏季，北极熊会吃下一切能找到的食物。每种在陆地筑巢的鸟类，都不畏惧面对大型肉食动物。北极燕鸥会不断地俯冲，去攻击入侵的北极熊，甚至令它们出血。这是一种行之有效的威慑手段，不仅保护了燕鸥，也保护了在附近筑巢的绒鸭和其他涉禽。

绝大部分在地面筑巢的北极鸟类选择独居或者小规模群居，但鹅是例外，它们的规模也令人印象深刻。鹅的聚集地常常汇集了10万多只鹅。在北极的任意地区，常常只由一两个物种所控制。全世界的红胸鹅都在俄罗斯的泰梅尔半岛；加拿大西北部则聚集了大概80万只罗斯鹅；从东格陵兰和挪威的斯瓦尔巴群岛东部至俄罗斯的诺夫亚·曾雅岛这一地带则是黑雁的聚集地。

数量最多的是雪雁，数以百万计。巴芬岛最大的雪雁群有46万只鸟，覆盖了广阔的冻原，视野中一片茫茫的白色风暴。北极狐靠偷雪雁的蛋和雏雁过着惬意的生活。狼獾冒险离开它们熟悉的针叶林，加入了劫掠雪雁的行列。

冻原变绿洲

盛夏的短短几周，高纬度的北极冻原很有夏季的感觉。中午气温高达12摄氏度，永冻层的上部开始融化，24小时阳光普照，冻原植物获得了短暂而又生机勃勃的生长期。

在更潮湿的地方，羊胡子草蔓延开来，覆盖了大地，好似一片绒毛海。种子上有绒毛，是为了随着疾风散播到四方。冻原中较干旱而坚硬的土地常被称为湿地冻原，那里的开花植物迎风生长，数量惊人。即使在北纬82度的位置，也生长着90种不同的开花植物（在南极的相应位置，你只能找到地衣）。

这些在遥远北方盛开的植物，已然进化出多种方式来适应冬季的严寒和夏季的短暂。所有的植物都很矮小，紧贴地面，绝不挡在北极的寒风口。北极柳是最好的例子，它沿着地表蔓延，贴紧任何一点点遮盖物。它能够在北纬80度的恶劣环境下生存，是世界上最顽强的灌木，也是唯一能生长在高纬度北极冻原的树。北极柳生长期只有6~8周，这意味着100年树龄的北极柳，也许只有约几厘米高，是严寒塑造的天然盆栽。

许多类似紫色虎耳草的植物长成致密块状，形成了一种微气候，比环境温度温暖得多。另一些植物则覆盖着细绒毛外衣，留住被阳光晒暖了的空气。但也许最好的办法是，当它在空中随风飘散时，直接吸取太阳的热量。黄色的北极罂粟花和白色的仙女木有着敞开的碗口状花瓣，能直接吸收阳光。它们整日直面太阳，将花心温度提高到10摄氏度，不仅令种子长得更快，也为昆虫提供了温暖的庇护所。

花粉传播者

花朵需要花粉传播者。北极夏季的惊喜之一，就是在这短短的温暖期里，会突然出现数量可观的昆虫，以两种大黄蜂为主，遍布高纬度北极冻原。它们长满了隔热的毛发，肌肉发达，不仅用于战斗，也用于颤抖以产生热量，这使它们的身体比环境温度高得多，能有效地维持血液温度。而保持恒温的首要好处是可以进食更久，在短暂的夏季迅速完成自己的生命周期。

无论多北，只要有鲜花盛开，蝴蝶就会出现。出没在北极的蝴蝶，例如北极豹纹蝶，与它们的南部堂亲相比，更适应极地，更加

上图
　　太阳花。北极罂粟花跟随太阳转动，吸收阳光。每朵花内部都比外部空气温暖很多，如此这般培育种子生长。

对页
　　斯瓦尔巴群岛，紫色虎耳草。它们聚集成丛，得以保暖，并在雪融化不久后开花。

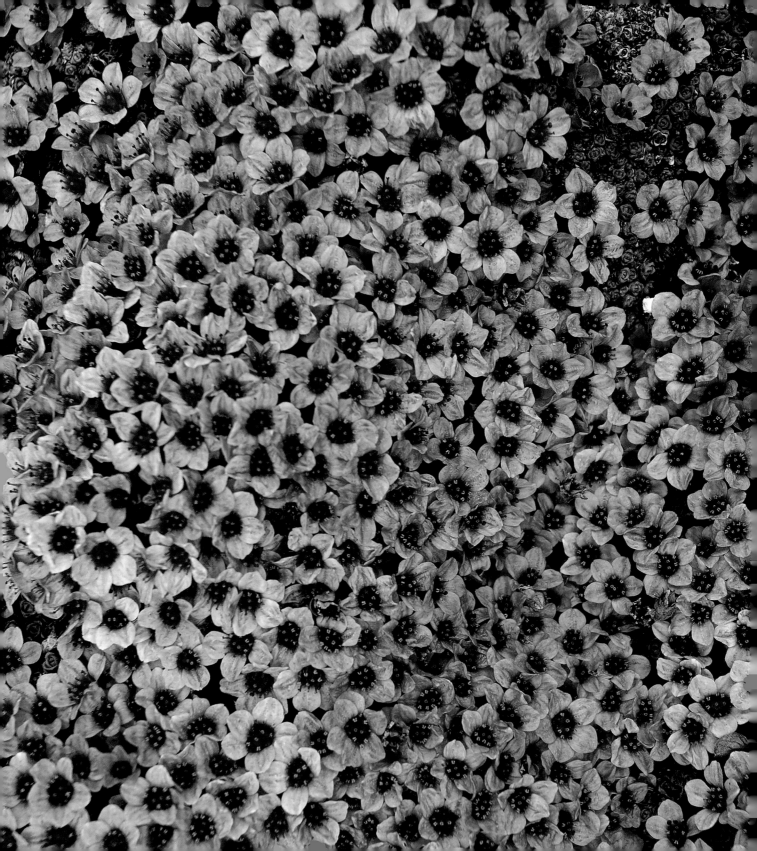

健壮，颜色更暗，毛发也更长。所有的适应性改变都是为了保暖。只有翅膀大小没变，但这也是为了保暖。阳光灿烂的日子里，蝴蝶可以停在冻原的花上晒太阳。但对所有高纬度北极地区的飞蛾和蝴蝶来说，夏季太过短暂，无法完成整个生命周期。它们的幼虫必须在春夏季节疯狂进食，撑过至少2~3个冬季。有一种灯蛾毛虫，需要历经长达破纪录的14年，才能化蛹（见第75页和第293页）。

狼和野兔

等到冬雪完全消融，一些高纬度北极地区的生物便四处可见。北极野兔体形比它们南方的亲戚大3倍，体重超过4千克，皮毛仍旧是白色，在灰绿色冻原的反衬下，特别显眼。大概是因为夏季太短，不值得换毛。相应地，它们变得更偏群居性，通常成群结队，每群有10~100多只。这意味着有很多双眼睛，警惕地观察着捕食者。如果野兔察觉到危险，便后腿直立起来，搜寻捕食者。如果有发现，野兔就将前爪折向胸部，像袋鼠一样跳着逃走。也许这也是一种有效的沟通方法，告诉狼或者狐狸，它已经被发现了，从而使它无法进行突袭。

北极狼也全年保持着白色毛皮。虽然狼是北极唯一不单独狩猎的肉食动物，但是食物的数量仍不足以支撑一大群狼，所以一群狼极少超过7只，常常只有一公一母，一起抚养幼仔。

永冻土意味着它们无法挖洞，必须找到已有的山洞。合适做巢的地方就被一代又一代的狼经年使用。许多高纬度北极地区的狼住在非常偏远的地方，以至于从未被人捕猎，而且格外温顺。夏季，当幼狼们在玩耍，或者跟随父母去打猎的时候，人们甚至可以坐在狼窝旁边。

为了找到足够的食物，供养日益增加的家庭人口，成年狼会长途跋涉1 600千米。北极兔是狼最爱的食物，但狼是机会主义者中的

上图

埃尔斯米尔，警戒的北极兔。一旦冰雪消融，北极兔的毛皮就失去了伪装效果，它们常常聚集成群，也许是为了依靠集体的力量，及时发现捕食者。后腿直立使它们站得更高，可能也是给捕食者发出的信号，告诉对方它已经暴露了。

对页

埃尔斯米尔，北极狼群。年轻的公狼不怕人，也许它从未见过人，只是在观察摄影师。公狼和它的狼群以北极兔为食，但也捕猎麝牛，并把旅鼠当点心。在这个岛上，食物的数量决定了狼的数量。

典范，也会去捕猎更小的目标，包括在冻原水池边筑巢的候鸟鸭和涉禽，甚至旅鼠。

猫头鹰和旅鼠

对许多北极捕食者来说，旅鼠是至关重要的食物。雪鸮，北极的另一位常住居民，靠捕捉旅鼠来养活它们的孩子。仅一个夏季，一对雪鸮大概会给雏鸟喂下2 500多只旅鼠。旅鼠有3种，其中领圈旅鼠生活在最北边，北纬82度加拿大境内的埃尔斯米尔岛上。也许因为来自捕食者的压力，它们改换了毛色，但这十分值得。从冬到夏，旅鼠的毛色从白色变成不太显眼的棕色。而对雪鸮来说，更重要的问题是旅鼠数量很不稳定。有几年，冻原上的旅鼠几乎绝迹；而另一些年份中，却遍地都是，每平方千米有25 000只。所以靠捕食旅鼠为生的雪鸮，在旅鼠减少的时候，其繁殖的后代数量也随之减少。

狼群和畜群

集体捕猎使狼有机会捕到体形更大的猎物。在较南的地方，它们能撞到北美驯鹿。这些驯鹿每年夏季都回到冻原产仔。在更北的地方则没有驯鹿，狼只好攻击麝牛。这些大型动物对小型动物群的生存来说是个挑战，所以狼群集中攻击小牛。它们向麝牛冲去，试图在牛群中制造恐慌，希望有一只小牛掉队。就算一头狼成功地抓住了一只小牛，成年麝牛也会结成一队试图救援，并围成一圈，把其余的小牛围住保护起来。麝牛背对背靠在一起，竖起一道牛角构成的墙，以此保护小牛。就连饥饿的狼也知道，游戏到此结束了。

上图

雪鸮捕猎。在高纬度北极地区，它们的主要猎食对象是旅鼠。夏季，24小时的日照令旅鼠大量繁殖，雪鸮一天也许能捕获5只以上的旅鼠。

对页

旅鼠快餐。一只雄雪鸮给正在孵蛋的配偶喂食旅鼠。这对雪鸮能养活多少幼鸟由可捕到的旅鼠数量决定。

无冰的避风港。阳光笼罩下，一只黑色信天翁飞过南乔治亚岛的福图纳冰川。这个岛通常不结冰，鸟类全年都可以捕鱼，包括信天翁和企鹅。它们可以长期哺育它们的幼鸟。幼鸟需要数月至一年以上才能长出羽毛。

南方的夏季

南极的夏季远不及北极舒适。即便是温暖的夏日，气温也极少升至零下25摄氏度以上，比北极的仲冬时节还要冷。南极如此寒冷，其原因之一是它是地球上海拔最高的大陆，但孤悬于海上才是造成这种现象的根本原因。北极是冰冻的海洋，但被温暖的大陆包围，而南极则是被南冰洋包围的大陆，南冰洋将南极与来自北方的温暖空气和洋流隔开。

亚南极岛屿带位于怒海之中，有着相对温和的海洋气候，周围的海域常年不结冰。夏日里，无需御寒服，便可以沿着南乔治亚岛海滨漫步。暖风吹拂着成片的绿色生草丛，头顶传来南乔治亚云雀优美的歌声，它是极锋以南唯一的鸣禽。

但对于许多访客来说，亚南极的夏季并不舒适。此时，沿着南乔治亚温暖的北岸，分布着配对繁殖中的王企鹅的聚集地，这里有10万多对企鹅。成年企鹅们腹部触地，或通过赤脚散热，又或跳入海中来个冷水浴。数千只头年出生的小企鹅要到这个夏季末才能长出蓬松的棕色羽毛。它们不能游泳，只能浸泡在贯穿整个聚集地的冰流中，或来个泥巴浴。被母亲赶走的象海豹幼仔也在换毛，它们不断地把湿沙弹到自己的背上，努力保持凉爽。到这个夏季快结束之时，它们才会下海。

盛夏时分，南乔治亚岛西部末端的部分海滩则充斥着南极软毛海豹。如果没有一只凶猛好斗的雄性海豹的保护，雌性海豹就无法通过海岸线。这些海豹被限制在亚南极岛上，95%以上在南乔治亚岛上繁衍，以磷虾为食。20世纪30年代开始，以磷虾为主食的鲸鱼遭到大屠杀，随后磷虾数量大增，这可能也刺激了海豹数量的增加。今天，南乔治亚岛的南极软毛海豹至少有200万只，也许有400万只。

拥挤的海滩

盛夏的海滩拥挤不堪，生物密度惊人。为了争夺一小片海滩和一群约10只的雌性海豹，雄性软毛海豹开始竞争。竞争异常激烈，以至于到了仲夏时节，最受欢迎的近水领地就被分掉一半。雄海豹体重至少是雌海豹的4倍，体形大小决定一切。为了解决领地争端，成年软毛海豹通常面对面，高昂着头，斜着眼睛瞪到对方不敢直视。只有当新加入的雄海豹从海上直冲而来，不顾一切地试图夺取地盘，真正的战斗才会拉开序幕。

到达海滩两天后，雌性软毛海豹们分娩了——时间非常一致，90%的幼仔在3周内出生。等到12月，它们被母亲带到海滩后的生草丛中，从而远离战斗区域（40%的幼仔会在争夺地盘时丧生）。在接下来的约3个月里，母亲们依靠夏季丰饶的磷虾催乳。每一次觅食之旅，雌海豹会游离岸边约90千米，因为必须捕获约7千克磷虾以维持它的奶水量。

第一次飞行

圣诞节，南乔治亚岛的数百万只幼鸟绝大部分才刚孵化。但是漂泊信天翁幼鸟的羽毛都几乎长齐了。在巢里待了将近10个月之后，它们脱去了冬季里用于保暖的蓬松白色羽毛，用3.5米的翅膀在一阵阵风中练习飞翔。漂泊信天翁的翅膀让它完美地适应飞行生活，但对地面生活十分不利，所以对于信天翁来说，第一次飞翔的经历让它心惊胆战。信天翁的巢穴靠近陡峭的悬崖，那里的强风为幼鸟起飞提供了上升气流，但它们失败了太多次，以至于有蹼的大脚在生草丛中都踏出了跑道。接下去的5~6年，在它们回到南乔治亚大陆之前，年轻的流浪者将在南冰洋四处游弋。再过两年它们才会配对，并彼此相守至少70年。

上图

　　南乔治亚岛，领主。一只雄性南极软毛海豹会在海滩它自己的地盘上，尽量护住雌海豹，越多越好，通常大约10只。雄海豹会在雌海豹们分娩后一周之内，都亲密陪伴着它们。

对页

　　冲凉。夏季，南乔治亚的王企鹅幼鸟面临气温过热的危险，所以它们聚集在融化的冰流边，跃入冰冷的水里洗个凉水澡。

第116~117页

　　南乔治亚，索尔斯堡平原巨大的王企鹅聚集地。泡在水流里的小企鹅形成了一条棕色带。任何时候，水里都挤满了孵蛋的成年企鹅和幼企鹅，老少皆有。

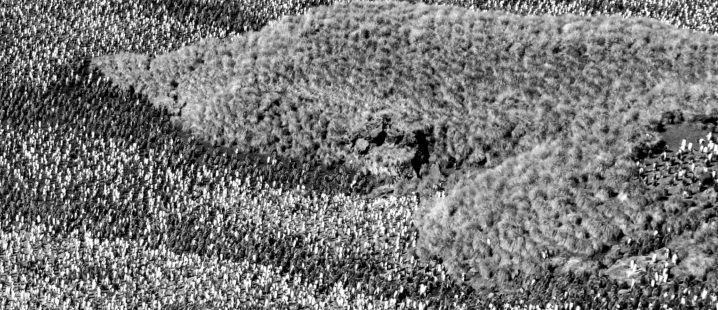

在冬季避寒带繁衍

南极半岛及其海岛常被称为冬季避寒带，与南极大陆其余地方相比，它的位置更北。南极半岛是春季最先脱离海冰封冻的岛，夏季气温经常高于0摄氏度。这时，雨水就取代了雪。半岛的夏季对于野生动植物来说至关重要，不仅是由于这时气候相对温暖。一旦冬雪融尽，大陆98%的裸露岩石都出现于此。对于在大陆繁殖的企鹅，这种资源必不可少。它们几乎占据了每一小片可利用的裸露岩石。金图企鹅被局限于更暖和的北部末端；颊带企鹅占领了中间地带；阿德利企鹅则更适应有浮冰的地方，所以生活在南方。

和极锋南部唯一的鸬鹚——南极鸬鹚一样，南极唯一的海鸥——黑背鸥也在此筑巢。北极燕鸥飞行4万千米，从它们的北极繁殖地跋涉至此。破纪录的迁徙使它们每年经历两个极地夏季，全天候在丰饶的极地海水里捕鱼。

夏季，融化的冰雪和雨水带来了植物所必需的淡水，某些地方遍布大片苔藓。南极只有两种开花植物，南极发草和南极漆姑草，后者长得像紧密的粉红色小垫子。

生机勃勃的南冰洋

地球上最伟大的季节变化就是南极周围海冰的融化。春季海冰面积最大时，覆盖了1 900万平方千米的海面，到秋季末只剩下300万平方千米。大面积融雪决定着南极动物的生活，影响程度比北极的情况更甚，能激起一场大规模繁荣，促进了海洋的产出。在冰下生长着无数微型海藻，在冬季它们能在低日照条件下进行光合作用，此时，数量更是会猛增。海藻为磷虾提供了食物，磷虾又刺激了南极海洋生态系统的繁荣。夏季，这些类虾的甲壳类动物只有5厘米长，聚集成如此庞大的群体，能将一大片海染红。南极磷虾的总重量也许接近5亿吨。

上图

南极鸬鹚。它的活动范围局限于冬季避寒带，这是因为它需要无冰的海滩进行繁衍。

对页

新生的颊带企鹅。它们喜欢大陆周围的海岛，特别是南极半岛。这里有小块浮冰和大量的磷虾。

鲸鱼来了

对于南极的绝大部分海鸟和许多海豹来说，磷虾是最重要的食物。夏季，6种不同的鲸鱼，包括座头鲸、露脊鲸、蓝鲸、长须鲸、大须鲸和小须鲸，从它们的热带繁殖地洄游至此，为磷虾而来。沿半岛的避难水域中有数百头鲸鱼，全都是须鲸，用它们大嘴里悬挂的须鲸盘过滤磷虾。

不同的鲸鱼用不同的方法捕食磷虾，捕食方式取决于虾群距离水面的深度（磷虾群随着水柱周期性地游上游下）。磷虾离水面较近时，绝大部分鲸鱼会从水下跃出，吞个满口，猛地闭上嘴，用力把水从鲸须筛中滤出。鲸鱼常常一起行动，3~4头鲸鱼像一列拖拉机，在水面耕耘。它们彼此呈对角移动，似乎所有的磷虾都被其他鲸鱼驱入自己口中。南部的露脊鲸和大须鲸也一起张大嘴巴，一边游一边捕食水面的磷虾。当虾群下潜很深时，座头鲸采用了一种它们在北极水中使用的捕鱼技巧。两头座头鲸一起潜入虾群下方。当它们回到水面时，这些30吨重的动物环绕彼此形成漩涡，同时吐出气泡。气泡在水柱中上升，形成两个半圆柱状的陷阱。惊恐的磷虾冲进气泡环中，便成了丰盛的甲壳动物大餐，鲸鱼则张大嘴迅速从陷阱中心穿过。

海中的狼

与它们的北极堂亲不一样，南极海豹不必面临极地统治者——熊的威胁，但它们另有天敌。80%的食蟹海豹忍受着豹海豹的威胁，但豹海豹通常只抓幼仔。主要的危险来自于一种更为强大的捕食者，随着冰雪的消融，它们也来到南极。海冰在夏日的面积越来越小，虎鲸得以探索新的区域，同样的现象也出现在北极。在南冰洋能越来越频繁地发现虎鲸，它们至少有3种类型（称为A型、B型和C型），研究者可以通过其外表和在南冰洋的捕猎行为来分辨它们。

上图

气泡网状渔栅。两头座头鲸穿过整个渔栅，张着嘴，兜住其中的磷虾和小鱼。这个渔网由鲸鱼围绕着猎物转圈、吐出一串气泡而形成。这造成了猎物的恐慌，在闪闪发光的气泡漩涡中形成了一个密集的鱼群。

对页

同步制造气泡网。两头座头鲸冲过它们的气泡网，食道里满是磷虾。当磷虾靠近鲸鱼的嘴巴，水就透过鲸须盘流出，穿过喉部活褶，留下食物。鲸须盘是悬在鲸鱼嘴里的有效过滤筛。

第112~123页

罗斯海上跃出水面的虎鲸。这是来自世界最南方的虎鲸，C型，食鱼型。它们利用融冰上的水道，到达新的狩猎区域，跃出水面是为了让肺吸满空气，同时看看前方有什么，以及下次在哪里呼吸。

冲击海豹的技巧

B型虎鲸主要猎食海豹，在非人类动物中，这是最生动的合作狩猎的例子。狩猎的开始，以虎鲸在破碎的浮冰中搜寻合适的猎物为标志。威德尔海豹是最易捕的猎物，也许是因为食蟹海豹更好斗、更灵活（豹海豹很好斗，本身也是强有力的捕食者）。但虎鲸在水面上的视力很差，所以它们的首要任务就是辨别猎物。

虎鲸呈扇形散开，各自跃出水面观察，在水上立起，扫视浮冰，并接近一只海豹，从上到下地打量清楚。一旦发现合适的威德尔海豹，虎鲸就观察海豹所在的那块冰，小而厚的冰块很容易被打碎，更容易把它翻过来。如果海豹和它所在的浮冰都通过了考察，杀手就会消失在水下，似乎在呼朋引伴，在几分钟内有好几头虎鲸现身。多达6只鲸鱼围住海豹，同时跃出水面观察它。只要它们一致认为这就是合适的目标，且位于形状合适的浮冰上，游戏就开始了。

虎鲸群准备进攻，它们肩并肩地统一行动，背对着浮冰游开，然后突然转身，并排全速猛冲，尾部有节奏地用力摇摆。接近猎物的过程中，一道浪自虎鲸头部形成，尾巴则掀起一道更高的浪。它们从冰下穿过，第一道浪把浮冰翻了过去，之后第二道浪形成了一堵水墙，从浮冰处冲过，常常将海豹推进水里。如果冰很大，虎鲸就不断地制造波浪冲击冰块，将它冲碎变小。杀手们转身抬头，找到海豹，通常海豹此时正在往碎冰上爬。也许会有一头虎鲸脱离集体，将碎冰及冰上的海豹推往无冰水域。虎鲸再次集结，不断地进攻，把海豹作为一连串的定向攻击目标，用水波反复冲击。

只要海豹掉进水里，杀手们就从下面吐出气泡云，逼着它远离浮冰，然后跳起来抓住它。为了避开海豹的利嘴，虎鲸试图抓住它的后蹼拖拽下去。虎鲸找到猎物、通知伙伴，直至最后拿下海豹，大概要30分钟。

上图和对页

鲸群的领导者。前进接力队包括30只强壮的虎鲸，正在阻止一头逃逸的小须鲸前往浅水水域。其中的一头虎鲸紧随在小须鲸的下颌边。虎鲸群用了2.5小时，齐心协力迫使小须鲸屈服。

鲸鱼杀手

  A型虎鲸常常出现在夏季，活动在更北、更开阔的水域中，环绕整个南极大陆。它们的体形比B型虎鲸更大，专门追逐小须鲸。这是真正的考验，因为小须鲸体形呈流线型，速度很快。这一次，包括30头虎鲸的鲸群，追逐了至少2.5小时。小须鲸保持惊人的速度——16千米每小时，并定时跃出水面以加速。单个虎鲸无法保持这样的速度，所以它们集体行动，任何时候小须鲸的旁边都有两头虎鲸环伺左右，努力让它降低速度。

  眼看逃脱无望，小须鲸试图去浅水处喘口气，以免溺水。但是杀手们切断了逃跑路线。由于自身的疲惫和侧面的致命咬伤，当体形最大的虎鲸将它推向水底的时候，小须鲸终于沉溺了。

集体杀戮

1

上图

　　检查潜在的美食。如果它是一只威德尔海豹，虎鲸就在远处聚集，开始合作进攻，目标是把海豹从它所在的浮冰上冲击下来。

　　图1 虎鲸以一定速度整齐地向浮冰游去，制造一道又一道的浪。

　　图2 它们潜下浮冰后，身后仍有两道海浪。

　　图3 虎鲸从冰下穿行，第一道浪冲击着浮冰，海豹在冰上瑟瑟发抖。

　　图4 第二道浪的角度非常精准。

　　图5~图6 将浮冰连同海豹整个冲翻过去。

4

2

3

5

6

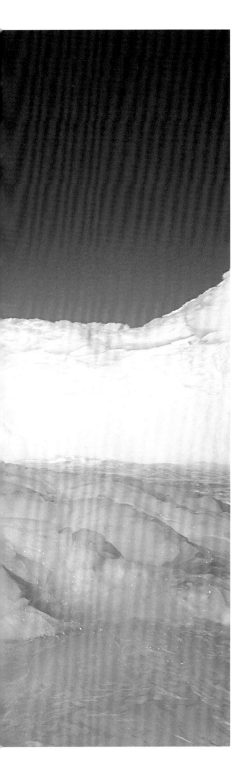

阿德利企鹅休息站，阿德利领地，东南极洲。夏季24小时日照，可使企鹅不间断地捕鱼来喂养幼鸟。阿德利企鹅将离岸数千米去寻找磷虾和鱼，而把小企鹅留在巢里。

阿德利企鹅生死线

12月末，南方腹地的海冰已经开始破碎。阿德利企鹅在那里沿着大陆的海岸筑巢，最终孵化出雏鸟的时候，无冰水域就正对它们家门口。时机非常重要，因为它们必须外出捕鱼，以喂养正在成长的小宝宝。事实上，在夏季，阿德利企鹅无法在更南边没有海冰的地方筑巢。

所有南极企鹅（帝企鹅除外）都遵循类似的繁衍循环。临近圣诞，7周前产下的卵中孵化出了两只小企鹅。最开始的2周，小企鹅很怕冷，无法脱离抚育。食物充足的小企鹅体重一天增加100克，3周后，它们就无需抚育，父母就可以下海去寻找食物。

成年企鹅外出觅食时间可长达24小时。清晨和日暮时分，数百只企鹅来来往往，海滩非常拥挤。企鹅靠视觉捕猎，所以与那些深入南方的阿德利企鹅相比，处于位置更北的颊带企鹅和金图企鹅的出行高峰期更为明显。因为在南极腹地日照持续24小时，意味着企鹅可以整日不停地捕猎。

金图企鹅不会走太远，专门在聚集地附近的浅海里找小鱼；颊带企鹅主要的猎物是磷虾；而阿德利企鹅的食物则二者均有，根据一年中的不同时间而改变。一般说来，阿德利企鹅和颊带企鹅的觅食之旅会走到离聚集地30~40千米外。当它们不得不远行70千米寻找食物时，小企鹅就开始痛苦了。

年初，阿德利企鹅幼鸟还小，海冰面积尚广，企鹅父母需长途跋涉，去大陆坡找磷虾。但在之后的季节，幼鸟大了很多，海冰也融化了，此时它们能在附近的大陆架上抓到更多鱼。每次潜水抓磷虾需要大概3分钟。虽然通常一次潜水不超过50米，但有时候最深可达170米。一只阿德利企鹅潜水一次能抓住25克磷虾，也就是每分钟捕捉1.3只磷虾。这是在跟时间赛跑，因为喂养一只小企鹅共需要23~33千克磷虾。南极的夏季十分短暂，在秋季结束之前，50%的阿德利幼企鹅会夭折。

第 4 章 ┃ **秋季：生命隐匿**

生命隐匿

极地地区的秋季来得非常快，时间却很短。夏季的温暖气息变得所剩无几，这在高纬度地区更加明显。严寒很快便会袭来。温度骤然下降，初雪将北极冻原的裸露岩石覆盖，而海面则逐渐冰封。两极地区的季节转变比地球任何地方都要明显。秋季到来，动物们也调整了策略。诸如麝牛、北极狐、帝企鹅等在等待冬季的来到。其他一些动物，比如旅鼠和威德尔海豹就生活在冰层之下。然而，大部分的动物不得不迁往低纬度地区，远离黑蒙蒙的极地冬日。

冰原边的聚会

对于北极熊来说，秋季是最难熬的一个季节。截至9月，50%的北冰洋冰层已融化。冬季，北冰洋最大冰面覆盖面积可达到1 500万平方千米。而现在，覆盖面积却只有不到500万平方千米。北极熊失去了供它们猎食的冰原，许多北极熊被迫来到陆地上。于是出现令人难以置信的景象：习惯于独居的北极熊，此时大量聚集在加拿大的哈得孙湾。10~20只北极熊聚集在同一狭长海岸上，这是非常罕见的。由于无法捕食海豹，它们不得不到处觅食。有些北极熊小心翼翼地从棘刺中挑出浆果来吃；有些北极熊凑合着食用一些骨头、海带，甚至是草。但多半来说，它们都在等待11月的到来，那时海面将再次冰封。近年来，海面冰封的时间逐渐推迟到12月初了。

北极熊尽可能地少动，以保存能量，不过秋季的到来也为雄性北极熊提供了一次试探对手力量的机会。两只重达600千克的雄性北极熊笔直地站立起来，全部体重都压在两条后腿上，这场面让人印象深刻。有时候，它们会玩玩空拳搏击，头偏向一边，怒张大口；有时候、抱着彼此的肩膀相互摔打，直到一方失去平衡。虽然北极熊能在彼此身上造成可怕的伤害，此时此刻，它们却故意放水，最多在脖子或者肩膀处轻轻地咬上两口。这样的嬉笑打斗通常发生在实力相当的北极熊之间，只会持续几分钟。

上图

海冰的形成。一旦海面结冰，北极熊就可再度开始捕食海豹。这一年秋季比以往温度要高，冬季的温度也比过去几年高，导致海洋结冰也比较晚。

对页

警告。在海面结冰之前，北极熊都被困在海岸边。此图，位于弗兰格尔岛的一只大型雄性北极熊正在怒吼，以喝退另一只北极熊。它的体形就是优势。

第131页

弗兰格尔岛上，一群才出生的北极狐幼仔。它们将和父母一起过冬。小北极狐是投机主义者，会依靠腐肉生存，当然它们也会去捕食，储备一些食物。

在春季求偶斗争来临之前，这是一场了解对手力量的演练。那时的打斗就会残酷无比，甚至要拼个你死我活。而此时此刻，它们在等待冬季的来临，所以能容忍对方的存在。

蜕皮时刻

当夏季结束的时候，大量鲸鱼沿着北极海岸游来，场面蔚为壮观。这时海面还未冻结，某些河口会吸引大量的白鲸前来。白鲸的路线亘古不变，它们延续几世纪来的传统，向浅河口游去。

在加拿大极地的坎宁安入海口，每年的7~8月会有超过2 000只白鲸聚集于此。幼鲸骑在母鲸背上，借助母亲造成的水流前行。幼鲸仍呈粉灰色，要5年之后才能蜕变成白色。这样大规模的聚会，不是为了觅食也不是为了交配，而是为了一年一度的蜕皮。

在浅河口布满石子的河床，白鲸们扭动翻滚，将夏季已经有些微微泛黄的表皮给洗擦掉，显露出崭新雪白的新肌肤。它们选择这些特殊河口的原因有两点。其一，这些河口的深度对于白鲸来说，很适合翻滚；而且，这些石子的类型也提供了完美的摩擦。其二，对于白鲸的皮肤来说，淡水比咸海水更温和。

白鲸不能逗留太长时间。当秋季到来的时候，海岸开始结冰。每天都有52 000平方千米的海洋凝结成冰。随着寒冷扩散，鲸鱼被迫南迁。露脊鲸以最快的速度去寻找无冰水域，通常一路向南游8 000千米。独角鲸和白鲸则待在更靠北的地方，沿着积冰边缘一路向南。积冰已覆盖了90%的海面，它们却很擅长在冰层之下寻找换气口。鲸鱼在水下最多能待20分钟，这足够让它们前行3千米来找到一片无冰水域换气。它们拥有高度灵敏的回声定位系统，常常用于觅食，也可用来寻找换气地点，连面积极小的换气孔也不会漏掉。

对页

　　打斗。11月末，哈得孙湾，雄性北极熊在刚形成的冰面上嬉戏打闹。这样的打斗有助于在春季正式决斗前了解对手的优势。

第136~137页

　　白鲸做水疗。在水面结冰之前，不同地区的白鲸会聚集到浅河口，因为那里有温暖的淡水以及河底小石子（此图是在加拿大的坎宁安入海口处）。在这里，它们褪掉夏季的老皮。当冬季来临，海面开始结冰的时候，它们就会沿冰向南迁徙。

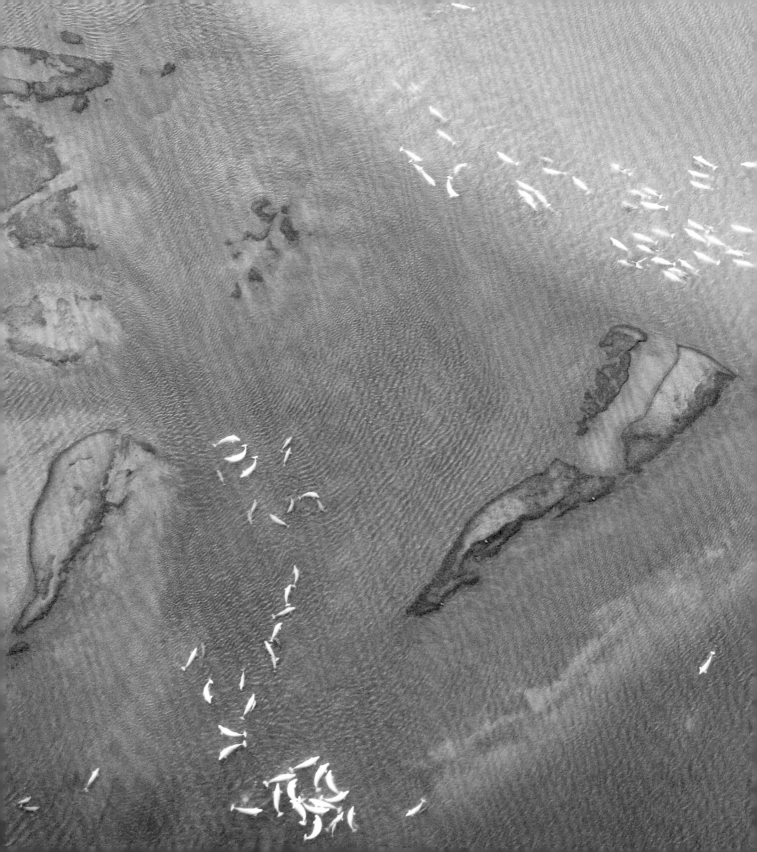

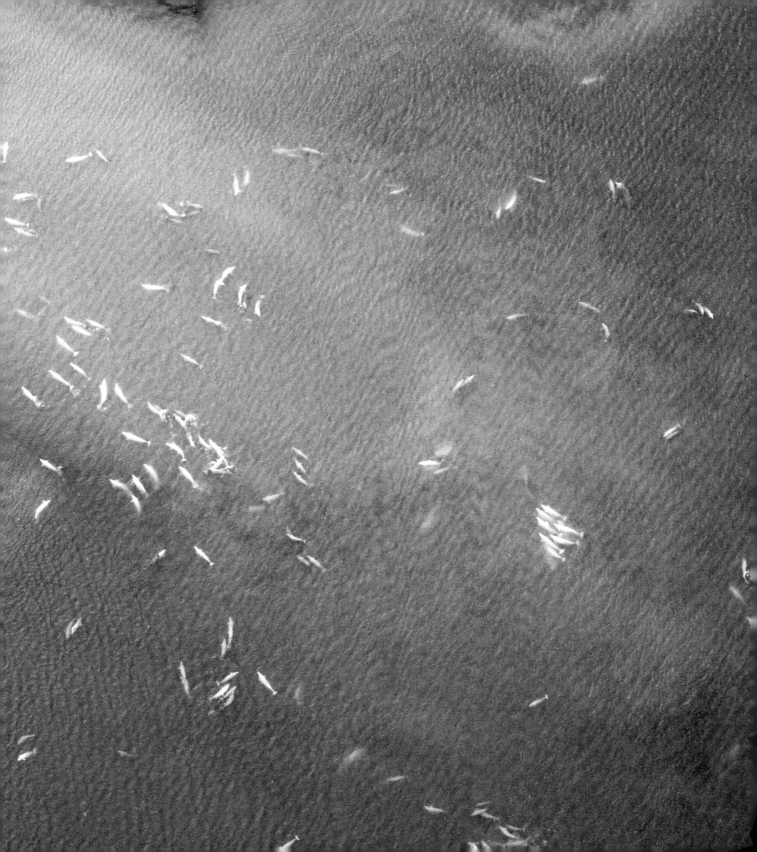

向南迁徙

　　在夏季，北极地区有着180种鸟类，而到了冬季，只有不到12种留下。对幼鸟来说，要在大陆和海洋结冰之前迁徙到南方，这一任务异常困难。海鸠幼鸟聚集在陡峭的悬崖之上，羽毛虽已长好，但翅膀又粗又短，还无法自由飞行。不过，它们不得不努力尝试，飞到下方的海面上。在父母的鼓励之下，幼鸟张开翅膀往下跳，此时，与其说是飞行不如说是滑翔。幸运的幼鸟能直接到达海面，但大部分的幼鸟做不到这点，而是降落在悬崖下方的海岸上。在那里，饥饿难耐的北极狐已等待多时，它们会尽可能地多抓一些幼鸟，储藏起来当作过冬的储备。大群海鸠和幼鸟聚集在海面上，由于幼鸟不能飞行，所以它们一家只能选择慢慢游向南方避寒。

　　决定鸟类秋季南迁距离长短的，不是寒冷，而是食物的稀缺。有些鸟类，例如雷鸟和渡鸦，就压根不会离开高纬度北极地区。麝牛在此过冬，而雷鸟跟麝牛关系紧密，从中受益不少。麝牛会用它们巨大的头和强有力的脚来挖掘雪层下的地衣和植物，吃剩的食物也够雷鸟填饱肚子了。

　　雪鸮和海东青南迁的路程相对近一点，它们只需躲避最寒冷刺骨的日子。但大部分的北极鸟类则是要群体飞往温暖之地。许多滨鸟，例如三趾鹬和白臀矶鹬，会选择飞往温暖的南半球，而雪雁则选择飞往温暖的美国南部地区。如此大规模的迁徙意味着这些鸟类花了它们一生中大部分的时间在南北之间来回迁徙，以便全天候捕食。

缤纷冻原

　　由于秋季提前到来，白昼越来越短。柳树、矮桦、蓝莓以及其他一些冻原灌木发生了奇妙的变化，景象的壮观程度不亚于南方落叶林。它们停止产生能进行光合作用的叶绿素，用叶红素和叶黄素取而代之。

广阔的冻原变得缤纷多彩，而自然界中令人印象最深刻的决斗也发生在这里。

对麝牛而言，夏末秋初是它们的发情期。每一头雄性麝牛都想要一群雌性伴侣，达20头之多它们都不介意。当雌性伴侣出现，猎爱行动也开始了。雄性麝牛会撅起嘴唇，仔细闻雌性麝牛的尿液，判断对方是否在排卵期。雄性麝牛还会在灌木丛上用它脸上的腺体气味做标记，以此来圈记领地。麝牛之名就是根据其腺体气味麝香而来的。

一声低沉的吼叫是有对手靠近的信号。雌性麝牛的伴侣发出怒吼声，同时将犄角在地上前后掘擦。两头麝牛的吼叫声此起彼伏，这种僵持会持续一段时间，直到最终两头麝牛相互打量彼此的体形和力量。正式决斗之前，两头麝牛会小试一下牛角，来测试对方的意图。慢慢地，两头麝牛一边缓缓后退，一边摇晃着头。紧接着，它们开始全力冲刺，速度达到了50千米每小时。伴随着一声巨响，两头麝牛撞到了一起，冲击力的余波让毛发也跟着颤动。它们之所以能承受住这种冲击，是因为前额坚硬的头骨和厚厚的牛角。通常，在几次碰撞后，胜负便见分晓了。

上图

　　9月，弗兰格尔岛，捕猎训练。猫头鹰幼鸟正在学习捕猎田鼠和旅鼠，它们的父母会一直给它们喂食，直到它们能自己捕猎为止。

对页

　　家人团聚。在加拿大埃尔斯米尔岛，捕猎之后，成年北极狼会在约定的地点，与快速成长中的幼狼团聚。初冬时分，幼狼也会加入成年狼的队伍，展开游牧行动，捕食对象主要是北极野兔和麝牛。

右图

鹿角的较量。同样令人印象深刻的是在挪威的佛罗洪那国家公园中，驯鹿用鹿角的较量。在发情期，雄鹿总是处在警戒状态，一直围绕在雌鹿周围，直到赶走对手。

第146~147页

大迁徙。阿拉斯加北极国家野生物保护区中，天气的改变让北美驯鹿不得不迁徙，从布满裂冰的沿海平原迁到可躲避寒冬、有更多食物的地方。

北美驯鹿大冲突

到9月中旬，北美驯鹿的发情期即将到来。对于5个月的驯鹿，鹿角已定型，其大小可傲视整个动物世界。驼鹿的角虽然更重，但相对于身体的重量，驯鹿的鹿角更大。驯鹿鹿角有个与众不同的特征，那便是如手掌一般长出分支，并向前延展，将驯鹿的口鼻护在其中。在发情期的恶斗中，这样的构造能保护驯鹿的眼睛，以免遭到对手鹿角的刺伤。

雄性驯鹿的鹿角大小也反映了它的年龄、力量及健康状况。每年老的鹿角都会脱落，每个季节新的鹿角都在生长，逐渐变大。在五六年之后，鹿角将长到最大。秋季到来后，雄性驯鹿的脖子鼓起，外貌和习性也会随之改变，变得更具侵略性。它们会彼此冲杀一番，大约30秒。在冲撞并试探对手的力量之前，两头雄性驯鹿会小心翼翼地将鹿角卡在一起。但只有在10月或者11月上旬以及繁育季节中，真正的战斗才会展开。

一头健壮的雄性驯鹿会积极保卫它的伴侣，以免它们遭到其他雄鹿的骚扰。只有体格相当的雄鹿才肯冒着受伤的危险向对方挑战。然而，雄鹿有时会受很严重的伤，甚至因此身亡。很多雄鹿在发情期太过用力，导致身体过于虚弱，无法抵御严寒。发情期一结束，雄鹿的鹿角会脱落，但也长有鹿角的雌鹿（唯一雌性也会长鹿角的鹿种）的鹿角要到来年春季的生育时节才会脱落。在冬季争夺觅食地的时候，鹿角更是解决争端的有力武器。

每年夏季，约有200万北美驯鹿穿过加拿大贫瘠的冻原地带，向北迁徙；到了秋季，随着冬雪时节的临近，它们又要返回南方。这是北极地区最庞大的迁徙活动，但在向南迁徙时，它们的行动很缓慢，对幼鹿来说，不用像春季向北迁徙时那么着急。这是一趟长达800千米的征程，大部队最快以每天65千米的速度朝林木生长线进发，它们将在那里度过冬季。驯鹿可在那里躲避凛冽寒风，并靠着雪层和落叶之下的地衣勉强充饥。

死气沉沉的战场

　　散布在南极洲北部边缘的小岛在冬季也不会结冰。南冰洋是地球上环境最恶劣的大洋；在南冰洋中，那荒无人烟的孤岛要承受秋季风暴接二连三的吹击。转眼间，大雪便覆盖了生草丛，温度骤降，巨浪和海冰也猛烈地撞向海岸。在夏季，沙滩上到处是软毛海豹，一片繁忙，而现在的景象迥然不同，只有雌海豹和幼仔留守在此。

　　南极软毛海豹是在南极极地地区发现的唯一一种软毛海豹。幼仔在出生4个月后断奶，所以它们的母亲在3月上旬（即夏末）便可离开去寻找食物。早在上一年12月末争夺雌海豹的战争结束时，雄海豹便离开了。

上图

　　南乔治亚岛，越冬的幼仔。漂泊信天翁幼鸟忍受着秋冬的暴风雪。事实上，一旦海豹和海狮离开，南乔治亚岛就归鸟儿们了。

剩下的只有战败的雄海豹的尸体。这片海滩就像是一片死气沉沉的战场，到处散布着失败者的尸体。

对被称为"南极秃鹰"的南方巨鹱来说，这些动物尸体是秋季最大的馈赠。这种鸟体形庞大，羽翼展开可达2米，并拥有强有力的带钩鸟喙。与非洲秃鹰类似，这些巨大的鸟类会为了战利品争斗不已。它们用嘴撕开软毛海豹的兽皮，尽情享受大餐，还会不时地歇歇，在残骸中抬起它们沾满血的头颈。一旦尸体被撕开，其他的食腐动物也会加入——但是后者看着格格不入。

　　南乔治亚岛的针尾鸭是一种体态优雅的小鸭子，长着亮黄色的嘴。你也许会觉得，在乡间池塘中就有这种鸭子。不过针尾鸭是肉食动物，总爱趁着大海燕争吵时，从后者嘴边偷食。

　　在春季，这片海滩因象海豹的争斗显得非常热闹，但现在却静悄悄的。象海豹幼仔在出生27天后便断奶了，因此到了盛夏，即12月末，所有成年象海豹都会回到海中。现在秋季到了，象海豹又回来换毛了。

　　在海滩后方，象海豹正在泥浆中打滚。这些泥潭很深，可以将雄象海豹完全没入，只露出冷硬的双眼或者鼻子。在有些寒冷的秋季，这些泥潭因象海豹的打闹和嘶鸣而变得热闹非凡。渐渐地，它们的老皮成片地褪去。到了5月末，它们会重新回到海洋中去。

王企鹅之岛

　　王企鹅通常被迫与象海豹分享海滩，所以看到象海豹离开，它们是最高兴的。现在，王企鹅若想前往大海，不会再有肥头大耳的象海豹挡路了。亚南极地岛屿周边的海域不会结冰，所以王企鹅就在此越冬。事实上，它们终年居住在此。

　　王企鹅养大幼鸟需要10~13个月，所以每3年，一对企鹅仅抚育两只小企鹅。在不同时间的企鹅聚集地，总是有处于繁育周期不同阶段的幼鸟。秋季，有些王企鹅幼鸟已长出厚厚的绒毛，这是在春季出生的头一批企鹅幼鸟。它们的体重为10~12千克，体形已和成年企鹅差不多，但大部分小企鹅仍会在岸上过冬，直到来年1月才入海。不过在聚集地还有更年幼的，那便是刚孵化出来的小企鹅。在盛夏时，企鹅父母欣慰地看着第一批小企鹅羽翼渐丰，到了夏末便再次产下企鹅蛋。秋季就要来了，刚刚孵化出的幼鸟还非常小，它们中许多都经受不住冬季的暴风雪。

喂养小企鹅

南极秋意渐浓，企鹅栖息地也随之改头换面，磷虾和企鹅的排泄物把大地染成了粉色。聚集地似乎更安静了，企鹅夫妇不再轮流出海捕鱼，而是一同下海。幼鸟被单独留在窝里，10~20只小家伙紧紧地缩挤成毛茸茸一团，从彼此身上取暖，并防范天敌的攻击。企鹅父母归来后，要保证不会错喂别家的孩子，为此要做个测试。

回到巢中，成年企鹅高呼一声，饥饿的幼鸟辨识出声音，便跑过来，但却发现父母跑开了。接下来，这里会上演奋力追赶的一幕：小企鹅跟跟跄跄地跟在父母身后。巢穴附近混乱不堪，所以要在离巢穴很远的地方，企鹅夫妇才能安心地给孩子喂食。

上图

测试。阿德利企鹅将自己的孩子聚集到一起，让它们去争抢食物。两只幼鸟中，更强壮更可能存活的那只往往会抢到食物。

对页

最后的茸毛。阿德利企鹅幼鸟羽翼渐丰，与成年企鹅的区别仅在于眼圈了。

第154~155页

年终。到了秋季，颊带企鹅聚集地到处都是粪便和磷虾。随着气候变暖、雨水增多，许多被泥浆包裹的小企鹅因寒冷而死亡。

当有两只幼鸟待喂养时，这种追逐食物的戏码就更常见了。因为食物有限，这种方法能确保最强壮的幼鸟（那些能赢得比赛的）分得大部分食物。这也许是一种避开捕食者和食腐动物的有效方式。

在南部，海洋将最先开始冻结，企鹅必须加快喂养的速度。阿德利企鹅的聚集地最靠南，从小企鹅孵化出来到绒毛长好只需要50~60天。相比而言，金图企鹅则需要70~90天，具体天数则取决于聚集地靠北的程度。

2月中旬，阿德利企鹅准备启程前往海洋，但是首先得等夏季用于保暖的绒毛都褪尽。绒毛大片大片地脱落，但仍有一缕留在它们头上，让这些小企鹅看起来像莫西干人。在两周时间内，成年企鹅只会在岸边给幼鸟喂食，以此鼓励小企鹅下水。渐渐地，岸边的小企鹅越来越多，但它们还是会紧张。最终，一些小企鹅决定冒险一试，它们如同上了发条的娃娃一般，不停地拍打水面。紧接着，其他小企鹅也跟着下水。起初，它们都只会浮着。尽管企鹅天生就适合游水，但要建立起信心，还是需要花一些时间来练习。

捕猎小企鹅

企鹅的一切动作都落入有心者眼里。秋季对于南极最凶猛的海豹——豹海豹来说，是最好的捕食季。这种大型哺乳动物（2.8~3.8米长）有着蛇一般灵活的脖子，以及看着就让人发抖的邪恶之口。它的颈部皮肤长有黑点，豹海豹一名由此而来。和隶属于猫科的豹类一样，豹海豹也独自猎食。

豹海豹利用碎冰当掩护，把头部没在水面下。冰面上，小企鹅还在玩耍，毫无防备，而豹海豹已小心翼翼地接近了。豹海豹抓住一只小企鹅后，会玩猫捉老鼠的游戏。先放走小企鹅，然后再抓回来，不断地重复着。最后，豹海豹觉得是时候开饭了。它抓着小企鹅反复地拍打水面，以此来清除小企鹅的皮肤和绒毛。

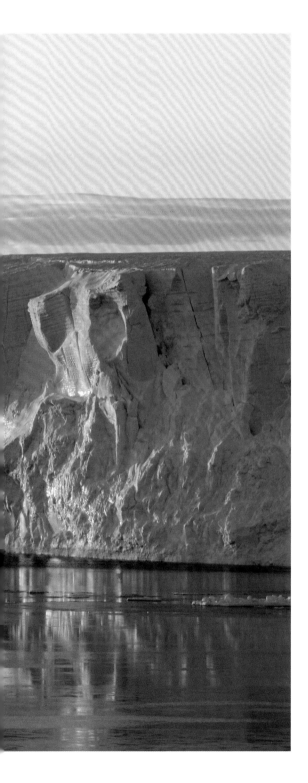

左图

回到冰面。在威德尔海上，这些巨大的扁平冰块来自南极冰盖，因而是淡水。它们也许会漂向北方，但随着冬日来临，也可能会变成海冰的一部分。

豹海豹是非常高效的肉食动物，但因为同时有这么多小企鹅，所以大部分企鹅都逃走了。一项对克罗泽角聚集地的研究表明，10万只小企鹅里只有630只会被豹海豹抓走。

换羽

一旦小企鹅长全了羽毛，成年企鹅为冬季而做的重要准备就只剩下一个了。相较于其他鸟类，企鹅的羽毛更密致。它们要将适用于夏季的羽毛褪掉，再换上一身冬装。换羽毛是件消耗体力的事，所以企鹅必须先储备体力。它们会先在海里大吃一番，持续大约3个星期。它们回来后，聚集地变得截然不同，不再像夏季时吵吵闹闹，取而代之的是可怕的寂静。企鹅先找到合适的位置，然后一动不动地站着，长达3个星期。慢慢地，旧羽毛脱落，新羽毛长出。一阵风刮过，吹起一地的羽毛。换羽结束后，企鹅会瘦得体重只剩原先的一半。而那些住在南部腹地的阿德利企鹅，由于所在地已经结冰，不得不在积冰上完成换羽。

启程

到3月底，所有企鹅都完成换羽后，它们就要向南方无冰水域前进了，并在那里度过冬季。不同企鹅前往不同的地点，但都还在南冰洋的范围内。喜爱浮冰的阿德利企鹅仍选择在积冰边过冬，但颊带企鹅则要避开积冰，而待在更北处。

企鹅离开后不久，海面开始结冰。从最南边开始一路向北，冰面边缘以每天4千米的速度扩散。2月冰面最小时是300万平方千米，到现在，面积增加到1 900万平方千米，让整个南极大陆的面积扩大了一倍。几乎所有的生命都被这种无情的力量驱赶到了北方。

帝企鹅的选择

在4月底，几乎所有的南极生物都逃到北方去了，但有一种企鹅却一路向南。帝企鹅霸气十足，来到冰缘。饥饿的豹海豹可能还潜藏在冰下，为了躲开海豹，企鹅如同飞鱼般跃出海面，然后伴随着一声巨响，腹部着陆。帝企鹅身高只有1米，体重却高达40千克，相当于王企鹅的两倍。帝企鹅是最大的企鹅。它们归来时体内满是脂肪，为接下来的严冬做好了准备。

从冰缘开始，在抵达筑巢地前，帝企鹅面前还有漫长的路程。据估计，在南纬66度和78度之间，22万对帝企鹅在40多个不同地点繁衍。在这些聚集地中，有很多都极其偏远，而每年又有新的聚集地被发现。帝企鹅选择聚集地时非常小心，要确保聚集地离海洋和食物不是太远，还要保证所待的冰面全年都很牢固（从孵化到羽毛丰满，养大一只小帝企鹅需要10~12个月），最好是被冰崖包围起来的开阔地区，或者，被冰块挡住，能让它们在最严酷冬季到来的时候，有一块遮蔽风雪之处。

它们顺便在回来的路上寻找终身伴侣，企鹅夫妇总是相守到老，除非其中一只无法回到聚集地。求爱的过程吵吵闹闹，但也是美好的。在求爱期，双方步调一致，并用颈项摆出优雅的姿态，每只企鹅都在模仿另一半的动作。它们不停地彼此鸣叫，建立起一条纽带。这非常重要，因为冬季结束它们再次团聚时，鸣叫是唯一的相认办法。

帝企鹅是南极洲唯一"筑巢"于冰上的鸟类。在5月，雌企鹅会产下一个蛋并在蛋结冰之前快速传给雄企鹅。两只企鹅的脚上均有育儿袋。那布满血管的蹼是放置企鹅蛋的暖垫，羽毛松软的翅膀能包裹住企鹅蛋。育儿袋里的温度要比外界高80摄氏度。

雌企鹅产下珍贵的蛋后没等几小时，就要交给雄性，之后它将前往大海，留下它的配偶独自面对最严酷的冬季，它至少要65天后才会回来，那时候蛋已经孵化了。

上图

　　归来的帝企鹅。它们长途跋涉，穿过海冰回到聚集地，此时它们身体肥胖而健康，已经做好了过冬的准备。

对页

　　雪丘岛上的长征。一队雄性帝企鹅从冰缘出发，前往威德尔海上雪丘岛聚集地，它们边走边滑行着。聚集地在数千米之外，以冰崖为屏风。聚集地一般在牢固的冰面上，这样春季来临时冰面才不会裂开。一旦产下蛋，雌企鹅就会回到海洋，并在海中待上数月。而雄企鹅则留守在此，孵化企鹅蛋，直到雌企鹅归来。

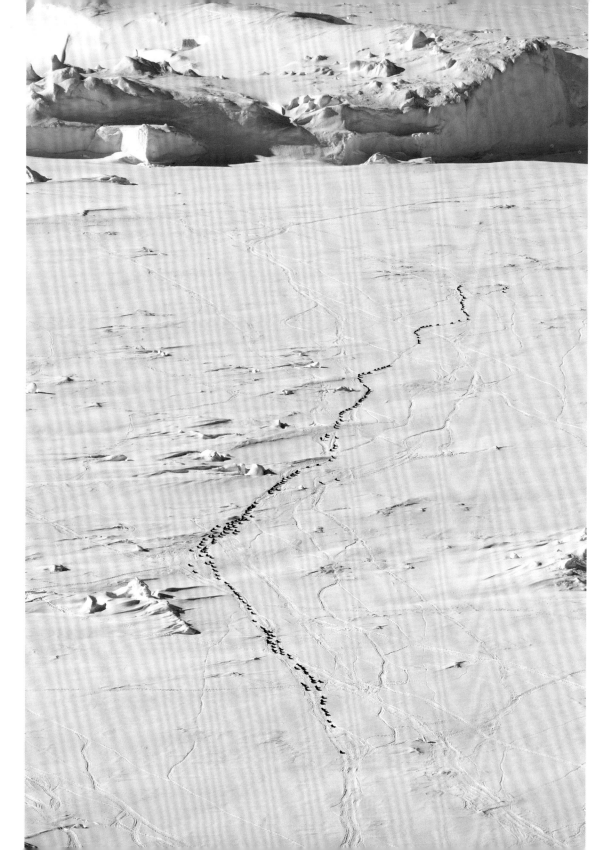

雪晶

选出一组雪花，并打上背光以看清结构。每一片都是独一无二、样式复杂并呈对称状的结晶。在离地数千米的高空中，冰晶以一粒灰尘为中心开始延伸生长。

图1 最熟悉的结构就是多枝星形，通常有6根主干。

图2 有些长出侧枝，呈羊齿植物状。

图3~图6 其他雪花则在分叉枝节上有薄薄的冰片。最基本的样式是六角形的冰柱，就像木质铅笔的形状一样。通常，冰柱内部是空的。也有可能长出一簇簇冰针。雪花在这些基本样式（扁平式、柱式、分枝式、空心式、六边形以及十二边形）的基础上千变万化。但无论是什么形状，都是对称的。

2

3

5

6

第 5 章 | **冬季：生命沉寂**

生命沉寂

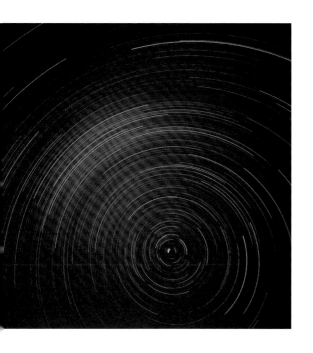

才过晌午就暮色四合，只能隐约看到死去幼兽的轮廓。这只小熊才1岁就失去了生命，而现在，它蜷缩着，好像仍然躺在母亲的子宫中。它尸体周围的脚印诉说了一个悲伤的故事。母亲不时地停下来等待体弱的幼仔努力跟上步伐，哥哥则在它身旁跳来跳去，想和它再玩一次游戏。大大小小的脚印混合在一起，母亲鼓励着存活的幼仔，放弃已失去生命的孩子，继续无尽的觅食之旅。

在北极，超过一半的北极熊幼仔都活不过第一个秋季，但弱小幼仔的离去让幸存者能更好地挨过接下来长达数月的黑暗冬季，因为少了一只幼仔来分享找到的少量食物。

漫漫长夜

如果你在冬至日（12月21日）当天站在北极，便能体验到真正意义上的极夜。这一天，地球公转时北极离太阳的距离最远，因此星星不会升起也不会降落。长时间曝光的夜空照片显示出，星星的轨迹是一个个同心圆，离北极星越近，圆的半径越小。北极星本身的轨迹是一个很小的圆环，坐落在北极上空（但不完全是正上空）。与此同时，在这一天，北极圈是地球上可见到的最黑暗的地方。也只有在这一天，在北极圈，太阳并不会上升到地平线之上。

离极点越近，黑夜越长。极点的黑夜长达6个月，北极地区的居民将这里的冬季称为"黑暗时期"。但冬季也不全是黑暗，即使太阳在地平线之下，人们也能看到它的光亮。据当地居民称，那里的暮色依然明亮，可以在光线下工作。星光也变得相对明亮，足够海员依此进行导航。但是当太阳在地平线18度以下时，这里便不再能感受到它的光亮。此时月亮占据了主导，在接近满月时，月亮在冰面上投射出诡异的蓝光。在北极和南极各自的初冬时节里，满月的前后两周内，月亮并不会落下，而在另外两周里，月亮则会消失不见。

绚丽极光

漫漫极夜，绚烂的极光（英文名Aurora，以罗马神话中曙光女神命名）提醒着人们太阳依旧存在。极光是一种自然现象，绿色、红色、紫色的光线纷繁交织，照亮了天空甚至大地。在北极，这种光被称作北极光，并有许多与之相关的神话和传说。一些因纽特人认为，这是乌鸦举着火炬照亮了死者通往天堂的道路。萨米的驯鹿牧民则认为，那是"火狐"奔过天际时，皮肤与山峦擦出的阵阵火光。在西伯

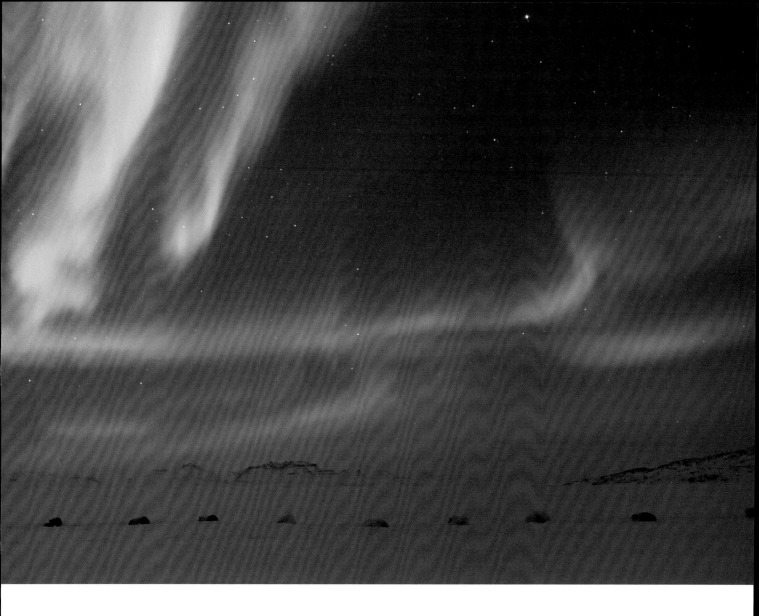

格陵兰，北极光。极光在大部分时节都
会出现，其强弱与太阳活动强弱有关，但只有
在黑暗时肉眼才能观测到极光。图中展示了帘
状极光、放射状极光、脉冲极光和稳定极光。
极光颜色受纬度影响，图中的绿色极光最为常
见，一般出现在大气层上方100~240千米处。

利亚的楚科奇海地区，人们认为极光是那些死于非命的鬼魂在把海象
的头骨踢向或扔向周围的天空。在南极，绚丽的南极光捕获了许多早
期探索者的心。时至今日，极光仍是南极基地冬日的最佳景观之一。

现在，科学家明白了极光的成因。太阳强劲的太阳风中的带电粒子
进入地球大气层，与磁场相互作用，引起了巨大的电子风暴，进而产生
极光。极光出现在南北两极附近地带，是因为太阳风对称地影响地球，
极光也相应地同时出现在南北两极，但只有在极夜期才能看见。

北极熊

在北极，北极熊整个冬季都能保持活跃状态，它们的皮毛显现出夜空的鲜艳色彩，时而因暮色而呈橘黄，时而被月光映成蓝紫色，时而被极光装点成绿色。北极熊的毛发在可见光谱区内是透明的，但毛发下的皮肤却是均匀的黑色，这意味着不到25万年前，北极熊是由棕熊进化而来。它们有两层毛发（在冬季时会长长），一直覆盖到鼻尖，就连其巨大的脚垫处也有毛发覆盖，以保护脚部，并使它更容易在冰上行动。外层毛发为中空，其中的空气提高了毛发的保温性。即使在温度低至零下35摄氏度时，其体内厚厚的脂肪层也能让北极熊保持温暖。北极熊之所以能在天气如此极端、变化莫测的地方生存，关键因素之一是它们能降低自身的代谢速度，从而更大程度地储备脂肪。

对于刚出生的北极熊宝宝，生命中的头两个冬季都有北极熊妈妈守护，妈妈会教它们在怎样在冰冻的海面上猎食。天气平静时，它们每天可以行走50千米；风暴来临时，则会在山脊后或雪洞中避难。怀孕的雌性北极熊则会朝陆地前进，它在海岸附近的雪堆里挖出一张浅床，静静地躺在那里，直到大雪把它完全覆盖。然后它挖出一个冰壁光滑的洞穴，在后来的5个月里，它将在这里躲避风雪，孕育新生命。

现在，它的新陈代谢下降，进入休眠状态，以充分利用它存储的脂肪，直至春季来临。虽然它是在上一个春季进行的交配，但它的身体一直等到现在才开始继续孕育新生命。进入洞穴数月之后，大概在冬至前后，它将生下北极熊宝宝。熊宝宝很小，甚至还没有发育完全，但这样做是必需的，因为在蛰伏期间，熊妈妈没有足够的体力生育更大的宝宝。

新生儿看不见也听不到，它们咯咯的叫声促使母亲的乳汁分泌流淌。当开始吮吸时，它们的叫声会变成机械的节奏。北极熊的乳汁中富含脂肪和蛋白质（含量是人类乳汁的10倍），熊宝宝的身体每两周便能长大1倍，但它们还不够强壮，3个月之后才能够探索外面的冰天雪地。

对页

一只怀孕的雌性北极熊在即将挖穴的斜坡上。一般它会在海岸附近的陆地上挖穴，但有时也会在冰面上挖穴。

它选址时主要的考量因素是，在初冬时该处会有积雪，以便于它挖出雪洞。洞穴一般都聚集在同一区域，雌性北极熊在以后的数年内都会回到这里。

分娩巢穴

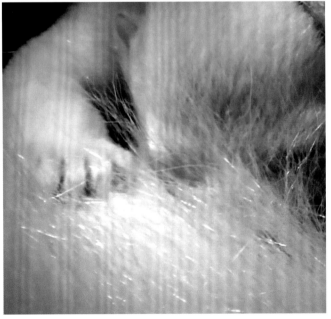

上排

　　10月下旬的斯瓦尔巴群岛，准备筑造分娩巢穴。

　　图1　怀孕的雌性北极熊爬到斜坡上，斜坡是经过精心挑选的，不受强风的影响。

　　图2　它挖出一张浅床，并躺在里面。

　　图3　蜷缩一团，等待积雪将它覆盖。等积雪厚度达到3米时，它挖出几米长的通道，外加一个椭圆形的洞，将来它就会在这个椭圆的洞里分娩。

下排

　　图4　只有两天大、依旧看不见东西的小北极熊在吸吮乳汁。与大多数陆地哺乳动物的乳汁相比，北极熊的乳汁更接近于海豹的乳汁。

　　图5　小北极熊在出生的头3个月会与母亲一起待在洞穴中（图中是圈养的小北极熊，在野外拍摄北极熊可能会给北极熊一家带来很大的危险）。北极熊妈妈在洞穴中进入休眠状态，不进食，不饮水，也不排便。

　　图6　一天后，第二只小北极熊出现。一般情况下北极熊每胎产两只熊仔。

冰中避风港

严冬时节，北冰洋约1 500万平方千米的海面都被冰层覆盖。在海中捕食的北极海豹、鲸鱼和鸟类不得不前往南方寻找无冰水域，至少理论上应该如此。最近，在阿拉斯加海岸附近积冰中的无冰水域里，人们发现了近50万只绒鸭（这个数字基本上代表着地球上所有的绒鸭）在此过冬。这样的冰上避风港被称作冰间湖（polynyas，俄语意为"林中空地"），由美洲土著印第安人首先发现。在强风和洋流的影响下，冰间湖一直不结冰，并且每年都会出现在相同的位置，海洋哺乳动物和海鸟在此繁衍生息。最近人们发现，绒鸭在冰间湖上进行大规模的求偶活动，海豹则会利用团体优势，用獠牙从水下捕猎鸭子。

冬季，在加拿大哈得孙湾居住着10万只普通绒鸭，它们选择在贝尔彻群岛周围的冰间湖里觅食。它们潜入10米深的海底中，捕捉海胆和贻贝。这些冰间湖太小，无法容纳整个绒鸭群，因此成年绒鸭大部分时间都待在海上，只在黄昏和清晨回到冰间湖，加入在那里过冬的幼鸭中。冰间湖偶尔会结冰，幼鸭也会因为背部被冰冻住而不能动弹，很快冰上的缝隙就会越来越小，水流和鸭子都无法阻止其冻结，哈得孙湾上的幼年绒鸭便会消失于冰面之下。

其他海鸟也选择在冰间湖附近栖息，省去迁徙的麻烦。而现在有考古证据表明，早期人类也在冰间湖附近落户过。就许多海洋哺乳动物（如在冰下捕食的独角鲸和白鲸）而言，冰间湖对于过冬十分重要。

冰面上的这种巨洞还有着十分重要的物理作用，热量在未结冰的海面上流失得更快，海面下的海水会更快地结冰。这可以降低海水温度，并让未结冰的海水盐度升高，这两种作用都是北极海洋系统的重要过程。

冰冻土壤

冬季的严寒蔓延，覆盖了地表的1/5。酷寒甚至能穿过地表，冻结土壤中的水分，形成年均温度低于零下6摄氏度的永久冻土层。冻土层最远可向南延伸到中国和亚洲部分的俄罗斯。地球上近1/4的陆地下层都有永久冻土层支撑，在西伯利亚的某些地区，永久冻土层的厚度达1 500米，这是冰川纪的遗迹。在北极高纬度地区，冰霜使得岩石破裂，形成碎石坡。一些区域的石块则呈多边形，周围还有更大的石头环绕，这些区域看起来像是人为堆砌的，但其实是由于土壤不断地冻结解冻，周而复始的过程把岩石弄碎了。

冰冻森林

北部森林的冬季严酷无比，温度最低可达零下50摄氏度。在长达7个月的时间内，所有水分都以冰雪的形式凝固着，整个区域如沙漠一样干燥。地球上最北部的森林位于西伯利亚，林内几乎全都是兴安落叶松。兴安落叶松可以说是世界上最耐寒的树，同所有针叶树木一样，兴安落叶松的针叶表面积很小，并覆盖有蜡，以减少水分流失。气温下降时，树木会排出水分，以防止内部结成冰晶破坏细胞，而当冬季完全降临时，针叶便会全部脱落。

空气中的水分凝结成霜，一夜之间便可以席卷整个森林。冰晶体错综复杂，大一点的，像是精心雕琢、带有花边的雪花，被称为"白霜"。"霜花"则像一簇簇细腻柔和的羽毛，有时出现在森林的地面上，或是水坑边的浸水木块上。而当低温雾气接触到树木时，便会凝结形成雾凇，形状古怪，会随风而变。再向南一些，气候更温和、更湿润，严寒会以漫天大雪的形式降临。针叶林（带）的树木披上雪衣，仿佛一棵棵圣诞树，宛若仙境。较小的针叶树木被大雪压弯了腰，看上去就像一个个身着白衣的驼背老人。

但对较大的锥形树木来说，积雪则容易滑落；即使落雪堆积，这些树木所能承载积雪的重量也十分惊人。在芬兰北部，来自波罗

上图

雷鸟，隆冬时节的格陵兰。过去几个月的漫漫极夜里，它靠雪下植被为食。脚上的羽毛像是雪鞋，让它能在柔软的雪地上行走。

对页

冰冻森林，芬兰。世界一片静谧，仅有的一些脚印说明这里还有少数耐寒的动物。从积雪里还能透出几缕微光，让没有落叶的树木继续光合作用，这是它们为适应环境而做出的改变，因为积雪可能持续数月。

第178~179页

针叶林带，俄罗斯西西伯利亚，初冬。几个月内太阳几乎都不会出现。接下来的7个月里，水分则会凝结成雪或冰，整个森林如沙漠一样干燥。

的海的湿气形成风雪，在那里，一棵12米高的树可承载重达3 000千克的积雪。

林中"巨人"

随着冬意越来越浓，积雪也越来越厚，盖住了植被。森林变得出奇宁静，几乎见不到动物的踪迹。但一些体形较大的动物会选择躲在森林里，以避开荒芜冻原上的冬日大风。较大的体形使它们更加耐寒，体形越大，相对于整个身体来说，皮肤表面积的比例就会越小，因此热量流失也会更少。正因如此，西伯利亚虎的体形轻松超过了热带岛屿（如苏门答腊岛）上的老虎，成为世界上体形最大的猫科动物。此外，生活在美洲和欧洲北部森林的麋鹿也是世界上最大的鹿类。

狼獾也是林中"巨人"之一，体形可达小熊般大小，是世界上最大的鼬类动物。较大的体重能让它们在搜寻食物时走得更远，雌性狼獾可以搜寻超过300平方千米的地域范围，雄性狼獾的搜寻范围则是雌性的两倍。狼獾十分适合在这里生存，它们的皮毛长而密，且防水，不怕霜冻，因此传统的北极猎人常用狼獾的皮毛作为皮衣的内衬。同时，狼獾还是一种食腐动物，以死于寒冷的动物为食，甚至会偷食狼和熊杀死的猎物。在这个食物本来就稀少的地区，它们更容易生存下来。与此同时，狼獾还学会了与乌鸦合作。乌鸦有着超强的嗅觉，还能从空中俯瞰整个森林，因此通常能在第一时间发现动物尸体。与乌鸦合作无疑是一个双赢的策略，因为乌鸦仅凭自己的喙根本无法刺穿冰冻的尸体，而狼獾拥有铁钩一般的磨牙和强大的利爪，能轻易地撕裂冰冻的尸体，要知道这些尸体人类用电锯都很难切开。狼獾享用完食物后，乌鸦便来捡剩下的残渣。

狼獾同样也会自己捕猎，虽然在夏季，一只驯鹿可以很轻松地跑过狼獾，但到了冬季，狼獾雪鞋般的大脚便占了优势。

在阿拉斯加的迪纳利国家公园，冬季积雪很厚，狼獾能够对付比自己体形大4倍的驯鹿，跳到驯鹿的背上，迅速咬住它脖子将其杀死。

狼獾一次能吃掉很多肉，因此便有了"馋嘴"的绰号。但在冰冻的森林中，吃得再多都情有可原，因为下一顿饭不知会在何时。任何吃剩的食物都要藏好，以备不时之需。据了解，一只雌性狼獾6个月后会再回到藏食物的地方进食，那里就是深度冻结的冷库，适于储存食物。

巨牛之战

木水牛国家公园坐落于加拿大北部，处于北极圈边缘。顾名思义，木水牛国家公园是木水牛（野牛）的栖息地。这些大块头是北美洲陆地上最大的哺乳动物，比它们在平原上的远亲更重、更高。它们的皮毛很厚，颈部力量惊人，头部有锋利的牛角。更令人惊奇的是，它们跑起来速度可达到60千米每小时。由于这里也有世界上最大最猛的狼群，所以野牛需要长到重达60千克，这一体重是一只德国牧羊犬体重的两倍。冬季，狼群基本上只以野牛为食。在这恶劣的环境中，捕食者和猎物之间永无休止地斗争着，让它们成为各自种族中的佼佼者。

冬季，大雪对野牛来说是个不小的障碍。由于它们体重较重，蹄子却很小，经常会陷入雪中，行动十分不便。它们的行动也很容易暴露，狼群（通常由25只强壮的狼组成）很容易便可追踪到它们。然而野牛也是十分危险的动物，狼群只有在形势良好的时候才敢试图捕食野牛。

一旦发现牛群，狼群便要当机立断：是出其不意攻其不备还是静候时机。停下来的野牛占有优势，它们可以围住自己的牛犊，用牛角组成一道保护墙，同时让狼无法分辨出哪些牛更易攻击。然而如果狼群能设法使牛群受惊，它们便能捕食牛犊和体弱的成年野牛。

对页

野牛猎物——野牛的体形是狼的10倍，却是冬季里狼唯一可以捕食的猎物。图中几只狼想要放倒一头一岁大的野牛。它们不可能成功，除非另一头想要撞开狼群的野牛冲过来时，不小心撞倒了那头小野牛。

鏖战

1

4

    两只狼（一公一母，公狼为主导）捕食野牛群，这样的捕猎可以持续12小时之久。

    图1 狼全速奔跑以缩短差距，虽然狼的体力惊人，但这么快的速度它们最多只能坚持20分钟。

    图2 野牛在厚厚的积雪中艰难跋涉，牛群速度很慢，它们留下的脚印为追踪提供了便利。

    图3 母狼从野牛群后面瞄准一头一岁大的野牛。

    图4 母狼冲野牛的腹部咬去，因为腹部的皮毛更少更薄。

    图5 公狼从后面袭击。虽然一岁大的野牛还很小，但其体重仍是狼的很多倍，并有能力将狼杀死。

    图6 公狼后退，让母狼趁机袭击野牛，这样的殊死搏斗可以持续数小时，搏斗双方身上都会沾满鲜血。母狼继续朝野牛的下腹部进攻。野牛屡次将其甩开，并试图用角顶撞，然而由于体力耗尽，最终还是倒下了。

大多数情况下，野牛被狼群发现时已经处于戒备状态，狼只好尾随牛群数天，并不断骚扰牛群。但只要牛群坚守阵地，团结一致以尖角相对，面对强健的野牛，狼群根本无从下手。但迟早会有一头牛受惊，引起慌乱。

一旦牛群开始奔跑，捕猎便拉开了序幕。狼和野牛奔跑的速度都很快，但在雪地中野牛很快便会耗尽体力。另外，狼只能保持快速奔跑约20分钟，因此必须在20分钟内做出行动：将牛群引入树木繁多的森林，让其无法聚集成群保护牛犊，或者试着使小牛落单。

即使是年幼野牛也能用它的犄角对狼造成重伤，因此领头狼仅从后面发起攻击，用牙咬住野牛的后腿，而野牛则会试着将狼甩到前方，以便用头撞击，这样的捕食者和猎物之间生死攸关的搏斗可持续12小时。

如果捕猎成功，领头的公狼和母狼会先行进食，进食量可达其体重的1/4。进食完毕后便会睡去，睡眠时间可达5小时之久。期间，食物在它们体内消化。狼群会选择在猎物旁睡觉，防止食腐动物偷吃，没吃完的猎物将会被拖到狼穴中，或埋起来储藏，以备大雪封山无食可觅时食用。

雪下世界

在厚厚的积雪下还隐藏了另一个世界。秋季时，地面继续散发热量，将积雪底部融化，在大地和积雪中间制造了一个雪下空间，许多小动物便住在这里。水蒸气在积雪底层凝结，形成了坚硬的防护，使雪下空间不会轻易塌陷。有些植物依旧利用折射下来的微弱阳光在这个空间里继续生长，植物周围的雪也会融化，形成了错综复杂的空间和通道。

上图

针叶林仓鼠，许多在北极过冬的肉食动物都以它为食。它生存于河道上的积雪下，以冰冻的草、地衣、马尾草和浆果为食。

这些空间为许多的动物提供了生存场所，如旅鼠、仓鼠、家鼠、尖鼠、鼬鼠等。这些小型哺乳动物由于体表面积较大，很容易损失热量，但厚厚的积雪提供了良好的庇护。只要积雪厚度达到半米，雪下空间的温度就不会低于0摄氏度，并且不因外界环境的改变而变化。

很多小型哺乳动物为保存热量会筑造群居巢穴，最多有10只针叶林仓鼠共用一个巢穴，因此它们巢穴内的温度要比雪上的气温高25摄氏度。仓鼠挤在一起便成了一个"超级鼠团"，这样一来，整体的表面积就会相对变小。仓鼠出去觅食时，会有一只留下来保持巢内温度。同其他生活在雪下空间的动物一样，仓鼠能有效地减少热量流失，在冬季也能继续繁衍。厚厚的积雪可以帮助仓鼠保暖，但不能保证它们的安全。

上图
伶鼬是世界上最小的肉食动物，身长只有23厘米。冬季，伶鼬的皮毛从栗黄色变为纯白，是雪中的最佳伪装。

一些空中的肉食动物，如乌林鸮，知道积雪下有大量的猎物，其中仓鼠是它们的最爱。它们巨大的面盘可以聚集声音，不对称的双耳则有助于精准地定位猎物。乌林鸮可以听到雪下60厘米处仓鼠移动的声音，并会用利爪冲破雪层。

还有一种肉食动物伶鼬，虽然是世界上最小的肉食性哺乳动物，却依旧不可小觑，它们的捕食场所也是在雪下。伶鼬同比它们体形稍大的表亲白鼬一样，也随着仓鼠进入了自己的专属世界。它们身材修长、腿短，很适合在仓鼠洞穴中穿行，但这样的体形很难保暖。正因如此，伶鼬为维持体温，每天的进食量达到自身体重的1/3。

仓鼠能够嗅到附近的鼬鼠，当嗅到鼬鼠时，仓鼠便会退到洞穴的更深处，并尽可能保持不动。雌性仓鼠如果嗅到了鼬鼠的味道，甚至会控制自己的繁殖周期。然而，鼬鼠也能分辨出不同仓鼠的气味，从而能选择更好的猎物。刚分娩的雌性仓鼠周围会有许多幼鼠，自然就成了鼬鼠的首选。更有甚者，鼬鼠会夺占仓鼠的旧巢穴，并用死仓鼠的毛把巢穴布置得更为舒适。

冬季宝地

北极的冬季最远可以向南延伸到俄罗斯远东地区，多火山的堪察加半岛。虽然堪察加半岛位于北极圈边缘，但由于北方极地风的影响，再加上南边的山脉阻拦了从海洋来的暖湿气流，堪察加半岛冬季的寒冷别无二致。

在最寒冷的时节，几乎看不到生命存在，然而堪察加半岛的火山湖——库业湖却是这冰冻世界中的一片宝地。水下的泉眼和狂风使得湖水不至于冻结，一直到3月甚至4月初，鲑鱼都可以在这里产卵。这里可以说是世界上最大规模的鲑鱼产卵场。上千只鹰也在这个宝地觅食，因此即使在最寒冷的时节，它们也能保持在巅峰状态。

对页

乌林鸮是世界上最善于保温的鸟类之一，它们从高处猎食，用眼观察，用耳聆听。它们能听到仓鼠（它们最爱的猎物）在雪下活动的声音，双眼敏锐，在白天和夜间都能捕猎。但在冬季，它们主要的捕猎时间是清晨和午后。

下图

　　虎头海雕在冰上行走，它用来翱翔的巨大翅膀并不适合走路，因此有些跩跩。它同其他鹰类一样，都以在俄罗斯堪察加半岛的库业湖上繁殖的鲑鱼为食。

对页

　　一只成年虎头海雕正与想要抢鱼吃的幼年海雕争斗。

　　在库业湖过冬的猛禽主要是虎头海雕，数量多达750只，数年来都在这里捕食鲑鱼。虎头海雕属于重量级的猛禽，翼展可达2.5米，能很好地储备食物和热量，度过北极的寒冬。虎头海雕在夏季主要以海鸟为食，在冬季则会捕食赤狐、水獭、幼雪羊甚至驯鹿等哺乳动物，有时也会吃熊等大型动物的尸体，但它们的最爱还是鱼类，尤其是鲑鱼。哪里有鲑鱼，哪里就有大量的虎头海雕。

　　虎头海雕有着巨大弯曲的喙，能杀死体重相当于它一半的鲑鱼，并将其拖出水面。此外，虎头海雕也是"海盗"，会从白尾海雕和金鹰那里偷取食物。年景好的时候，产卵场里到处都是鱼，所以其他的鹰类会放弃还手。但鱼类较少时，金鹰会攻击比它体形更大的虎头海雕，因为对它们来说，鲑鱼是至关重要的过冬食物。

南极冰下

南极的冬季，冰下宁静黑暗的水域与冰上呼啸的狂风形成了鲜明的对比，冰下的水温一直保持在零下2摄氏度，这一温度恰好是盐水的冰点。水中漂浮着冰晶，但由于上层海冰隔绝了冰上的冷空气，而下方的海水又处于运动状态，所以海水不会完全冻结。数百万年来，水下的温度和生命都没有变过。

有时，会有一只湿漉漉的鼻子伸出冰面，这通常是威德尔海豹在进行潜水前的呼吸。它能在水中坚持超过70分钟，能游到距离洞口12千米远的地方。威德尔海豹是海豹中的潜水能手，大部分时间都待在水下。正因如此，它是唯一能够挺过南极严冬的哺乳动物。通常，它会潜至水下400米处搜寻鱿鱼、章鱼及其他鱼类，或者潜至水下700米处搜寻南极鳕鱼。因为威德尔海豹的胸腔十分灵活，在40~80米深处自动收缩，将肺中的空气排出。这样一来，它们从水下上升时不会有氮气溶解到血液中，也不会像人类潜水员那样有"潜水症"。

冰的厚度可达数米，但冰内有各种生物的通道和巢穴，冰内的藻类和细菌供养了许多甲壳类食草动物（螃蟹和虾类的近亲），其中包括在这里过冬的磷虾。冰层下的空间里覆盖了一层薄冰，这里生存有一种白色的银鱼——波尔奇，其体内有4种不同的"防冻剂"，并以冰中的食藻动物为食。安装在威德尔海豹身上的摄像机拍摄到了海豹向冰中吹气泡以赶出波尔奇的画面。

有时，冰片形成垂直结构，就像屋顶的大型吊灯，这里便成了波尔奇的育儿室，因为它们主要的食物便是生长在冰片表面的细菌。

海底还有非常奇怪的动物，乍一看会让人认为它们来自地狱深渊。事实上，它们的确来自很深的地方。这些深海生物的体态与它们的生存环境类似，冰冷、黑暗而一成不变。人们认为它们是最先聚集在南极海底的生物。

对页
一只威德尔海豹透过海冰看向外面的世界。威德尔海豹大部分时间都生活在水下，以躲开冰上的极寒，度过南极的严冬。它们是唯一能在南极过冬的哺乳动物，群居在冰洞或冰裂缝的周围，甚至能凭借其强力的尖牙咀嚼冰层，制造新的冰洞。它们能喝海水，也能以雪为食。

它们中很多体形巨大、形似巨大土鳖虫的大王具足虫有20厘米长，并抢占螃蟹的居所。在海底，巨型海蜘蛛可以称得上是长得最奇怪的生物了，它们虽名为蜘蛛，但并不是蜘蛛，而是属于一个很古老的族群，也是该族群的唯一幸存者。在海底，动物生长得十分缓慢，寿命也很长，据说这里有只帽贝已经年过半百，一些海绵也超过1 000岁了。也许是因为寿命很长，这里的动物的体形都十分巨大。

南极麦克默多海峡，冰下的生命得以延续。在深度超过60米的海底有着巨大的海绵，它们不受底冰冲刷的影响，体长可以达到2米，年龄有1 000岁。

食物有限，也就意味着生长缓慢。在威德尔海豹呼吸的冰洞下，就有生物仅靠海豹粪便为生。

寒冷以其他的方式影响着海底的生物，与生活在温暖海域的同类相比，它们产的卵更少更大，对卵的照顾也更为细致。它们在冬季产卵，下一代会在春季出生。春季太阳的回归会带来大量的浮游生物，有利于下一代的生长。

水下15~30米处有很多生长迅速的软珊瑚和色彩鲜艳的海星，而在30米以下生命形式更为丰富。这里的海绵数量惊人，有时甚至密集地掩盖了海底。最大的海绵形似火山，可长到2米高，1.5米宽。有些海绵以石英纤维的骨架，即骨针来支撑自己，这些骨针也是种传导光线的介质，让深处的海藻也能生长。在巨大而静止的海绵下面，生存有虾状的端足类动物、海蜘蛛、等足动物和软体动物。红海星和海蛇尾等移动的食腐动物也聚集在海底，数量多达百万。这里可谓是地球上最丰富的海洋生物栖息地。

但为什么在这里，生命只在海面30米以下的地方蓬勃，而不是像地球上其他地方那样，在浅海也繁荣？科学家在南极西部的麦克默多海峡解开了这一谜团。每年春季，在水下15~30米的海底岩石上都会形成一层"底冰"，冰层最厚可达1米，主要由随机排列的大片冰晶组成。冰层具有清洁海底的作用，将岩石和动物从海底除去，然后带着这些受害者上浮，再冻结到海面冰层底部。这一年一度的"大清洗"让海绵等固定生物体无法永久固定在海底，就连海胆等相对爱动的生物也会陷入冰中而向上浮去。

在较浅的水域，冰也能构成威胁，但这一威胁是从上面来的。温度极低时，海水开始冻结，其间盐分会释放到周围的海水中，形成高浓度的盐水。刚冻结的冰中有不少排水道，盐水便顺着水道渗入冰层下方的海水中。盐水比周围海水的盐度高，因此前者会下沉。同时，渗下来的盐水温度也较低，在下沉过程中会将周围的海水冻结，形成空心的冰钟乳，又称"盐冰柱"。盐水不断从上方渗下，冰钟乳也不断增长，长度可达数米。冰钟乳朝着海底以1米每分钟的速度移动，这样的"死亡冰柱"毁灭性极高，所到之处，生物先是因盐水浓度过高而中毒，然后被困在不断延伸的冰柱中。

对页
罗斯海底的死亡底冰。冰晶所到之处，所有生物都被杀死，包括海胆和海星，同时随着水流，岩石表面也被清理了。

死亡冰柱

1

　　死亡冰柱的形成至少需要12小时，即使在受到冰层保护的冰下水域，生命也没法躲开冰的威胁。

　　图1　高浓度海水从冰钟乳（盐冰柱）顶部注入。
　　图2　盐冰柱周围的海水随着高浓度海水的下降而继续冻结，向海底延伸。
　　图3　盐冰柱尖端接触离冰层底面3米的海底，途中的海星试图逃跑，速度却不够快，最终因盐度过高而中毒。
　　图4　冰柱所到之处无生物生还。
　　图5~图6　冰柱沿海底延伸5米。

4

2

3

5

6

右图

　　一只肥硕的雌性帝企鹅从冰洞中跃出，展现出它子弹般的流线造型和紧致的羽毛，这些特征使它适合在海中生存。它腹中满满的都是鱼，它将代替配偶，承担起照顾孩子的重任。它的配偶在严酷的冬季独自孵化企鹅蛋。

南极的终极幸存者

　　极地地区是地球上季节变化最明显的地方。夏季，太阳一直不落山，大部分动物都忙着收集食物，抚育后代。从某种角度说，夏季就像是繁忙的一天，而冬季则完全相反。面对极端的寒冷，一些动物选择了离开。确实，大部分鸟类都只在夏季来访。而冬季仍留在南极的动物则掌握了独特的过冬方法：有的选择冬眠或在雪下避寒；有的在海中以求庇护，因为海水一直维持在零下2摄氏度；但也有一些动物与冬季正面相抗，它们通过极强的保温措施和团队合作来对抗寒冷，这些动物便是极地的终极幸存者。在南极，只有一种动物能在冰面以上经受住严寒——帝企鹅。

　　5月是南极的秋季，雌性帝企鹅将仅有的企鹅蛋交给配偶，之后便返回海中觅食。雄性帝企鹅则得在黑暗中度过大部分时间，任凭凛冽的寒风肆虐，它独自孵化企鹅蛋。

　　到了7月，气温通常会降至零下60摄氏度。幸运的是，帝企鹅拥有地球上最好的御寒装备：4层羽毛的外层皮毛，加上内层的脂肪，保暖效果一流；裸露在外的脚和嘴都非常小，能减少热量流失。同时，帝企鹅的体重是王企鹅的两倍，是所有企鹅中体形最大的，这样一来，帝企鹅的表面积就相对较小，有助于保存热量。事实上，帝企鹅非常善于保暖，以至于在夏季会体温过高。但尽管如此，帝企鹅也不能只依靠自己来度过严冬，它们必须相互扶持。

　　帝企鹅压下天生的侵略倾向和领地意识，反而抱成一团取暖，这在成年企鹅中是独一无二的。在较大的企鹅聚集地，最多会有5 000只企鹅抱成一团，它们背面朝外，轮流站在最寒冷最暴露的迎风位置，这样可以减少50%的热量流失。这里的寒冷程度即便是全副武装的人类也无法忍受，但帝企鹅要独自忍受漫漫黑夜。有时，它们会看到在南极上空飘舞的极光，但这对它们来说只是个玩笑，因为极光不会带来任何热量。

左图

　　50天大的小帝企鹅。父母可以放心地把它单独留下，自己去海中捕食，而它则会和其他的小企鹅一起抱团取暖。

第206~207页

　　隆冬时节，南极洲东部，月光和极光下的奥斯特企鹅聚集地。雄性帝企鹅是唯一能经受住南极冰面上寒冬的动物。

雌企鹅归来

　　7月中旬，雄企鹅已饥肠辘辘，"育儿袋"中的小企鹅也已破壳，在雄企鹅的羽毛中寻找庇护。等待雌企鹅归来的同时，雄企鹅能持续10天分泌出乳汁一样的液体，如果10天后雌企鹅还没有归来，雄企鹅便不得不放弃幼鸟，去海中觅食。

　　雌企鹅为了回来找雄企鹅，需在冰上跋涉100千米或更远的距离。冬季冰面的范围几乎是以前的两倍，所以比起秋季，回到聚集地得走更远的距离。归来的路途可能危险重重，它们必须避开沿途的冰裂缝和房屋大小的冰砾。

　　太阳重新铺洒在南极大陆上，不久后，雌企鹅就会回来认领自己的孩子。它们的腹中都是鱼，但它们配偶从4个月前到这里后就没进食过，现在已濒临崩溃。一队队雌企鹅回到它们的配偶当中，这是自然界中最温暖人心的画面之一。我们无法得知企鹅的内心感受，但这一天对它们来说，绝对意义非凡。

　　起初，雄企鹅不愿意交出幼鸟，雌企鹅得温柔地胁迫，它们才肯妥协。交送幼鸟的过程很快，因为幼鸟暴露在外几分钟，就可能会被冻死。如果雌企鹅的孩子没能挺过冬季，雌企鹅又碰到离群或失去父母的小企鹅，在强烈母性的驱使下，它们会把那些小家伙占为己有。但如果雌企鹅的配偶也因同样的原因死去，它们也无法单独照看幼鸟，最终不得不放弃幼鸟，返回大海。

　　对大多数企鹅来说，接下来的7周将十分忙碌，父母需要轮流喂养处在成长期的小企鹅。此后，仅靠父亲或母亲单独获取的食物已无法满足小企鹅的胃口，因此成年企鹅全都要去海中捕鱼，这时小企鹅们则抱成一团取暖，以抵御春季的暴风雨。最终，当小企鹅羽翼开始丰满时，成年企鹅就会前往无冰水域，而且不再回来。大约1周后，小企鹅也会因为饥饿而去寻找冰层的边缘。

　　成年帝企鹅经受地球上最严酷的寒冬，以确保小企鹅在早春时节孵化出壳，利用整个夏季茁壮成长。现在，小企鹅破壳已经有5个月了，它们已经准备好到南极的海水中畅游一番了。

第 6 章 | **最后的边疆：如履薄冰**

极地居民——变迁的故事

1972年，两兄弟在格陵兰西部海岸打猎时发现了一些奇怪的岩石堆。他们把岩石翻过来，两个坟坑赫然在目，里面有8具保存完好的尸体：6个女人、1个男孩和1个婴儿。今天，在离发现地很近的乌马纳克镇里，有个小博物馆展览着和古代木乃伊实物一样大小的图像。

最令人吃惊的是他们的衣服。外层毛皮之下，连帽的厚夹克、长裤和靴子都主要由海豹皮缝制成，制作精美。妇女和孩子穿着讲究：柔韧的内衣由数百只鸟皮缝制而成，从内向外翻，直接接触皮肤的是羽毛。由于缺乏必要的保暖，这些居民不得不从极地动物身上获取衣物。这令人意识到，对于早期的北极居民来说，针的发明至关重要。时至今日，传统的北极居民仍喜欢双层动物皮制成的衣服，就像500多年前那样。确实，因纽特猎人最值钱的衣服通常就是带内衬的极地熊皮长裤。到冬季最冷的时候，他会把它套在海豹皮的绑腿外。

体形巨大的大胃王

人类于4万年前来到北极生活。在冰期相对温暖的日子里，俄罗斯在北极圈内的大部分区域都是无冰的，人类在那时首次迁来北极。沿着俄罗斯北部的乌萨河，人们发现动物骨堆，表示这些早期居民以猛犸象、野马、驯鹿和狼为食，他们用石器切碎动物。生活是十分艰难的，冬季严寒，夏季气温也比冰点高不了多少。为了生存，他们会大规模群居，分享夏季不多的战利品，并筹划该如何度过寒冬。

如今，约400万人生活在北极。原住民占各地人口的比例从格陵兰的80%到俄罗斯在北极的地区的3%~4%。尽管在20世纪，社会、人口和科学技术都发生了巨大的变化，北极文化仍保持着活力与朝气。尽管表面看，很多部落的生活方式已然不同，但无论是在经济上还是精神上，北极居民都还保持着古老的生活方式。

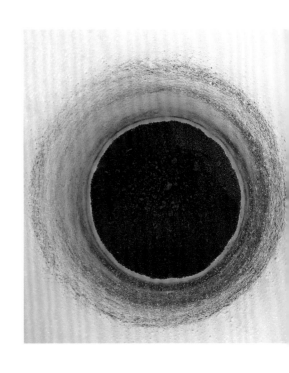

上图

格陵兰，彼得曼冰川上融化的洞。底部的淤泥就是冰尘，一种尘土和工业煤烟的混合物，风将这种煤烟从世界各地吹到冰面上。因为它是黑色的，所以能够大量吸收阳光的能量，令冰上融出一个洞。

对页

大浮冰。夏季，海冰从格陵兰西北部剥离，形成浮冰。

第209页

格陵兰冰盖。夏季，雪水融化形成的湖，由于湖水没有杂质和盐，从而呈现出一种碧蓝色。

上图

一名多尔干牧人正在破冰饮水。水来自于一条冰冻河流。一年中有9个月，这条河就是驯鹿牧人的淡水源。

对页

畜群之一。驯养驯鹿对游牧的多尔干人来说是生存的关键。驯鹿死亡后，什么都不会被浪费，皮被制成衣服，或者给雪橇上的木质小屋（被称为巴洛克）保暖。

第214~215页

移动的家。冬季，驯鹿需要不断迁移去找新的地衣，多尔干人也随之每周或每两周拔营一次，用成群的驯鹿拖着巴洛克。

驯鹿牧人

西伯利亚极北部最不适合人类生存。冬季气温规律地降到零下60摄氏度，但多尔干人总能勉强糊口。他们的生存依赖于驯鹿，而驯鹿能抵御极寒，冬季里通过觅食雪下的地衣生存下来。

早期居民以野生驯鹿为猎物，跟着它们迁移到遥远的北方，最终在北极高纬度地区定居。驯鹿被人类驯养的时间并不长，最初只是人们在迁移时，用它们来搬运东西。没人能真正驯服驯鹿，但如今这种动物已比较温顺，人们能驱赶着数千头驯鹿穿越冻原。

在西伯利亚荒地，每年有9个月，人们唯一能获得的水就是冰冻河流中融化的雪水。食物是小问题，多尔干人把户外当作冰箱，储存充足的河鱼。他们吃冰冻的鱼，将鱼削成极薄的小条，入口即化。他们很少吃驯鹿，除非能抓到游荡在冻原上的真正野生驯鹿。因为家养的驯鹿十分宝贵，主人们只有走投无路时才会以鹿为食。

多尔干人的行头来自于这些驯鹿，人们把鹿皮制成保暖的衣服。即便如此，对于小孩，得把他们整个人缝在外衣里，因为丢失一只手套就意味着要被冻伤。多尔干人也用驯鹿皮来铺设小屋，这样即使室外在零下60摄氏度，室内温度也能维持在舒适的20摄氏度。保暖比隐私更重要，一座只有几平方米的小屋能保护一个完整的大家庭。这是一种公社性的生活方式，亲戚间的相互扶持是必要的生存手段。

每周，人们都必须四处为畜群寻找新的牧场。首先，他们把最强壮的驯鹿集合起来，套上套索。这是他们的祖先从亚洲中部来到北方时一并带来的古老技巧。他们的小屋都建在雪橇上，所以可以慢慢拖动。这些铺满毛皮的拖车非常适合游牧，整个村子都生活在几座房子里，被驯鹿拖着慢慢走。一年里，人们和畜群长途跋涉，穿越西伯利亚冻原。

冰冻海洋的猎人

多尔干人的祖先征服了这片冰冻大地，另一些人则发明了其他办法在北冰洋上谋生。捕猎海洋哺乳动物的挑战之一是，一旦动物察觉危险，就会下潜逃走。最初的猎人发明了渔叉，解决了这个问题。渔叉是一种头部带有倒钩、柄部可拆分的矛。后来柄部慢慢变短，人们开始用绳子系住带钩的头部，另一头则系在用海豹膀胱或海豹皮制成的浮舟上。猎人用渔叉叉住猎物，若猎物试图下潜，就会被浮舟拉住。而每当它浮出水面呼吸，或试图与浮力抗争时，猎人就会再次攻击，直到猎物死亡。

白令海峡北部的猎人们擅用渔叉，甚至可以抓住超过60吨的露脊鲸，这种鲸仅比蓝鲸轻一点。1 500年以前，他们最关键的发明就是爱斯基摩皮舟，一种将动物皮紧绷在木框板上的简易小船，很轻、适合运输且不易翻覆。大概在公元500年时，又有一次重大突破，人们在小船上再覆盖上一层动物皮，并连有细绳，围在水手的腰部，这使小船更防水，安全性也比无覆盖时大幅提升。

公元1000年左右，图勒人在阿拉斯加海滨定居下来，普遍认为他们就是现代因纽特人的祖先。因纽特人是一群遍布北极高纬度地区、人口为15万的北极原住民。今天，面对外来强加的变化，许多因纽特人都很难保持他们传统的生活方式。即便如此，一些以土地为根基的人仍沿用祖先的方式。其中有一群就居住在俄罗斯最东部的楚科奇。

每年5月，猎人以小组的方式踏上冰面出海，航行在巨大的冰块之间。相较于这些冰块，他们的金属小船就像锡纸般脆弱。他们在沉默中航行，搜寻海象，一种比北极鲸鱼还大的动物。一头海象能重达2吨，有1米长的獠牙，被逼至绝境时颇有攻击性。猎人的目的是在一头海象到达无冰水域并下潜前伏击它。只有海象已近在咫尺时，猎人才会扔出渔叉。这种场面数百年乃至数千年来都没变过，只是如今最后一击多由子弹完成。

上图

俄罗斯最东部，楚科奇的传统海上猎人。全年都是他们的狩猎季，冬春季的捕猎对象是海豹，夏秋季则是海象和鲸鱼。夏季，人们驾着蒙着海象皮的传统爱斯基摩皮舟（就像这里），但航行在危险的浮冰水域时，他们则选择摩托艇。

对页

一头大西洋海象。雄性的獠牙（细长的大齿，雌性和雄性都有）可长达1米，能帮海象停留在冰面上，这是武器，也是地位的象征。楚科奇猎人将海象牙制成雕刻品。

狩猎结束后，人们花费整夜时间屠宰海象，所有部分都被拿去供养家人或做成衣服。对这些群体来说，生存十分艰难。一整年的食物是否充足，全看狩猎季是否大获丰收。但春季短暂，海冰消逝的同时，海豹也没了踪影，因为浮冰是它们用来休整和繁衍后代的平台。

在夏季，食物越发难觅，因纽特人来到鸟类居住的悬崖，试图搜寻鸟蛋。因纽特人对北极极端的季节性变化习以为常，这是他们数百年敏锐观察和不断适应的结果。但近几十年，养家糊口变得越来越艰难。因为他们的家乡正在发生改变。

蜂巢冰和无冰水域

每年春季，在阿拉斯加最北部的小镇巴罗，因纽特人聚集到一起，召集他们的年轻人，举行"毛毯跳"仪式，庆祝狩猎传统。这是一种类似蹦床的游戏，能跳到6米高。过去，海面直到8月才会解冻，猎人就用这种方法找寻远处上浮的鲸鱼。今天，"高瞻远瞩"的年轻人所见的景象彻底改变了。2002年开始，6月就已出现无冰水域。

整个北极的因纽特人都善于观察，并随时做出相应改变。他们以冰来命名不同的季节，而现在，他们口中的"六月蜂巢冰"5月就会出现。过早融雪带来了很多问题。猎人发现海豹皮质量差了许多，因为融雪迫使海豹不得不在完成换毛前就下水。因纽特人过去在夏季都能通过海冰来穿越格陵兰。现在，5月之后便无法通行，因为海冰变得太脆弱。他们还发觉天气也越来越难预测，便放弃了古老的观风测云技巧。老人们说："这不是我们的气候，是别人的。"

科学家莎莉·吉尔赫德博士（Dr. Shari Gearheard）认为，监控北极变化最好的办法，便是透过当地人的眼睛。许多变化十分微妙，但那些世代生活在此的人有着丰富的经验，再微小的改变也逃不过他们的双眼。

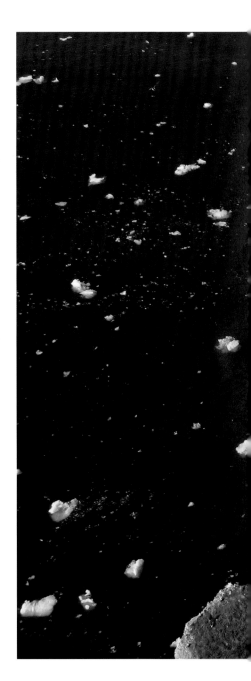

俄罗斯在北极圈内的地区，搜蛋人正在海鸠聚集地收集鸟蛋。夏季，因纽特人准备冒险采集鸟蛋。他们只靠一根绳子，但步履稳健。筑巢处的峭壁非常危险，其他陆地捕食者无法触及。

　　吉尔赫德博士已开始了试点工程"踪迹"，与加拿大北极圈克莱德河的因纽特人通力合作。这一项目包括6名猎人（2人用狗拉雪橇，4人乘坐雪上汽车）来绘制冰雪和野生动物的图景。他们用定制的导航系统确定裂缝、薄冰、无冰水域、海豹和熊的位置。气候数据也包括在内，这样吉尔赫德博士和她的团队才能够制出环境变化图。之后，再将地面细节加入卫星拍摄的变化图中。其实，因纽特人用眼睛便能看到科学家从太空观察到的事物。

大融雪

　　30多年前，美国科罗拉多州国家冰雪数据中心的科学家已经开始收集北极夏季海冰范围的卫星数据。结果显示，2007年海冰面积从700多万平方千米减少到430万平方千米。

上图

　　用一种特殊的定位导航系统，标记新形成的冰上水道的位置。这位因纽特猎人在加拿大北极圈的巴芬岛工作，他是"踪迹"项目的一员。该项目试图将传统知识与科学结合，制出更为精确的北极变化图。

对页

　　冰盖探测营地。阿兰·哈伯德（Alun Hubbard）博士和来自阿伯里斯特威斯和斯旺西大学（英国）的15人团队，在格陵兰冰盖露营。他们正在那里采集一系列数据，以监控迅速变化的冰面。

糟糕的是，从1979年开始，冰盖面积小于500万平方千米的几次纪录来自于2007年、2008年、2010年和2011年。我们知道冰盖面积在明显缩小，不过另一个意料之外的收获告诉我们冰盖厚度也在变薄。

20世纪60年代到90年代初，英国、美国和俄罗斯的潜艇在北冰洋巡逻。这片区域的军事意义显著，是北美到俄罗斯的最短线路。美国和英国海军都坚持记录冰的厚度，这是出于寻找上浮地点的需要。40年来的记录表明，北极区的海冰比20世纪80年代薄了40%，只有2米厚了。

海冰工厂减产

另一个关键因素是冰的年纪，在北极的不同区域，冰龄也不尽相同。每年，海冰沿着西伯利亚和阿拉斯加海岸形成，所以这两个地方又被称为海冰工厂。刚开始很薄的浮冰被强风吹着慢慢飘过北冰洋。

经过数年，海冰到达格陵兰和加拿大，每年冬季都增厚一点。西伯利亚沿岸的新冰很薄，每年消融得很快，而格陵兰北部和加拿大群岛沿岸的旧冰则要厚得多，对气候变化也不那么敏感了。

2007年，美国国家航空航天局的科学家结合来自卫星的冰浮标数据，制成了一幅横跨整个北极的计算机冰期图。此图揭示，短短20年内，冰龄超过7岁的海冰的百分比从21%减少到5%。

上图

上图
1980年9月，北极海冰的形象化展示图。图中显示夏末海冰面积是780万平方千米。通过记录地球表面发出的微波（水和海冰发出的微波不同）能测量出海冰范围。

所以官方宣布：北极海冰越来越薄、冰龄越来越短，无法抵御夏季的温暖。

近年来，北冰洋表面的海冰变得很薄，以至于到了夏末，有彻底融化的危险。如果此趋势再持续几十年，那夏末的北极将完全变成无冰水域。2010年，美国国家冰雪数据中心的马克·赛瑞兹（Mark Serreze）主任做出如下陈述："北极夏季的海冰盖陷入了恶性循环，无法再恢复。"

上图

2007年9月，北极海冰的形象化展示图。夏末，海冰面积减少到430万平方千米，是自从有卫星记录以来的最低值。夏季冰盖维持在这个低值左右，为北极探险开辟了新区域。

反照率效应

　　海冰的损失不仅是北极课题，也是全球性课题。冰冻的海洋似一面巨大的反光镜，将85%的太阳能反射回太空，称为反照率效应。极地因此能保持寒冷，也改善了地球的整体气候。海水是深色的，所以能反射的太阳能很少，相反地，会吸收93%的太阳能。夏季，北极的冰融化得越多，海洋就会吸收越多的热量。这些热量随着海流散播全球，导致全球海洋温度升高。海冰的融化也打乱了当前被称为"全球传递带"的洋流体系。来自赤道的热水流向北极，在那里降温。冷水比热水密度高，下沉后回到赤道，再被加热，完成传递循环。海冰融化后形成淡水层，密度低于海水和浮冰，从而打乱了传递带；而洋流又影响着全球气候，所以海冰融化也影响了全球气候。

体衰的冰熊

　　与融化的海冰作斗争的不只是人类，北极熊行走和捕猎海豹都要靠海冰。它们喜欢沿岸的海冰，但在目前的气候模式下，这部分海冰岌岌可危，这意味着后果会很严重。上一次估计全球的北极熊的数量少于25 000头。2007年，美国地质调查局警告，到2050年，熊的数量会减少2/3。这预示着北极熊最后的避难所将是加拿大和西格陵兰的高纬度北极地区。但到2080年，那两片海冰也将消失，只剩下北极群岛能让熊栖息。其他因素，如捕猎和海豹体内累积的化学毒物，也加速了熊的死亡。简而言之，绝大部分地区的北极熊数量都在明显减少。

　　在斯瓦尔巴群岛，有一支挪威小分队每年给当地的熊做体检，他们已坚持了20多年。经过这段时间，他们注意到母熊的体质正在逐渐衰弱。这将带来严重后果，比如体重不够的母熊将生出瘦弱的小熊，它们比正常小熊更难熬过初生之年。

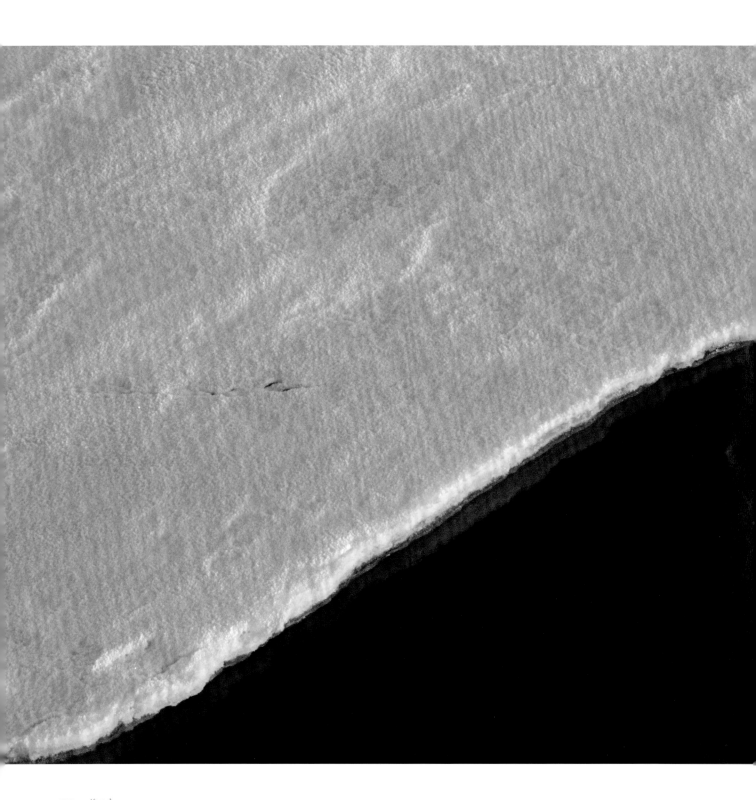

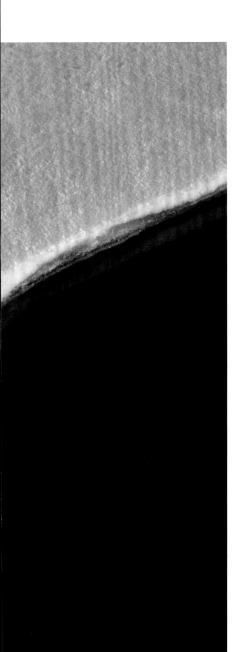

斯瓦尔巴群岛，早晨的阳光照在奥斯特佛纳冰盖边缘上，此冰盖覆盖了整个东北地岛。这是除格陵兰外北极最大的冰盖之一，面积达8 120平方千米。虽然内部的冰层仍然很厚，但边缘正在融化变薄。

北极熊一家被迫游向远方，去找仍然有冰的地区，而且这一距离每年都在变长。2011年，一头戴着无线项圈的母熊连续游了9天，经过687千米，最终到达能够休息和捕猎的冰面。这次史诗般旅行的代价惨重，在途中它失去了自己1岁的幼仔。更小的幼熊游不了多远，所以有些母亲把它们留在岸上。不幸的是，在陆地上，小熊找到合适食物的机会太小了。科学家认为由此造成的小熊死亡率升高，是导致北极熊减少的首要原因。

变化的冰缘线

从历史上来看，融化的冰冻海洋边缘对野生动物至关重要。每年春季，来自世界各地的鸟和鲸鱼不远万里至此，以冰缘附近丰富的生物为食。有时候人类也会来。北极的捕鱼者，包括巴伦支海和白令海的北极渔业，是世界上最多产的，捕捞量占世界总量的10%。仅阿拉斯加渔业就占美国鱼类捕捞量的一半以上。春季海藻剩下的部分统统沉落至海底，成为海底生物的生命线。这些蚌壳、甲克类和海洋蠕虫成为海豹、海象、绒鸭甚至灰鲸的食物。灰鲸每年要游10 000多千米，从墨西哥海岸过来觅食。

但一切都在改变，而且很快。随着海冰面积的缩减，北方的冰缘也在移动。比起以前，现在冰缘离白令海这种地方更远了，导致这片海域的产量也减少。不管是对于渔业，还是当地的因纽特人来说，捕捞足够的鱼和海豹都成为一个问题。许多动物也被迫游向更北的地方。而灰鲸的活动区域，开始与白鲸、独角鲸和弓头鲸的重叠，它们不得不为食物一争高下。虎鲸也开始侵入北方，高高的背鳍使它们很难在冰中穿行，所以原来在北极极为罕见。然而现在冰少了，它们就能进入北极水域。近年来，人们发现虎鲸攻击独角鲸的次数也在增加。

石油潮

遥远的北方资源丰富，北冰洋下的石油和天然气储量占全世界的1/4，即全球3年的石油消耗量和14年天然气消耗量。

过去，探矿受到极端气候和偏远地区的限制，但随着冰面缩减，北极石油开采潮出现了。至于是否应该开采则是另一码事：2010年墨西哥湾深水地平线钻井平台那样的漏油事故，若发生在北极，后果将更严重，因为从冰水中清除漏油几乎不可能。但中东的政治问题愈演愈烈，北极石油和天然气被世人视为可靠的代替品。

冰面的缩减也打通了一些航线。几个世纪以来，约翰·富兰克林爵士（Sir John Franklin）这样的探险家一直在寻找欧洲和亚洲之间的捷径，即传说中的西北航道北极路线（尽管富兰克林爵士只找到冰雪堵塞的通路）。在1904年，罗尔德·阿蒙森取道最南端的线路，首次成功通过。这次旅行花费了两年多时间，直到1944年都无人能复制他的成功。2010年8月，连续4年中的第3年，也是有记载以来的第4次，这条通路在几周内没有冰雪。这条通路可将大西洋和太平洋之间的距离缩短到4 000千米，海运的潜在收益相当可观。

海冰的减少也为开发提供了契机。北极五国，即5个控制着北极海岸线的国家和地区：加拿大、俄罗斯、美国、挪威和丹麦（通过其主权领土格陵兰），都积极地保卫着领土权，并期望扩大对本国和地区海岸线大陆架的控制。俄罗斯在北极海底放置国旗，2007年加拿大决定设立一个新的北极基地，这都预示着北极在商业和战略上的重要性进入了一个新纪元。

香蕉皮上的冰盖

陆地上的冰也在融化。如果想得到第一手资料，就得去格陵兰岛。岛上覆盖着巨大的冰架，囊括了大部分的北极陆地冰。冰川学家阿兰·哈伯德博士和他的团队正绞尽脑汁，把一台相机放置在瀑布下面，这条瀑布与尼亚加拉瀑布一样壮观，垂直落入格陵兰冰盖。

上图

　　海冰公路。在加拿大育空，卡车利用冰冻的波弗特海为石油营地提供供给。当冰盖最终融化时，人类将有机会获取埋藏在海下的石油和天然气。

对页

　　波弗特海，阿拉斯加附近的石油钻井平台，那里的夏季，无冰水域逐渐扩大。壳牌公司预测，在20年内，只要技术、政治和环境条件允许，北极石油产量将占世界总量的1/4。

第230~231页

　　爱斯基摩犬小憩。丹麦为维护格陵兰东北部的领土权，派出6个双人团队进行巡视，都是由爱斯基摩犬拉动的。这些来自丹麦特种部队的天狼星巡逻小组，足迹遍布这片无人区（面积比法国和英国加起来还大）。这里是一个潜在的宝库，满是贵重金属和石油。

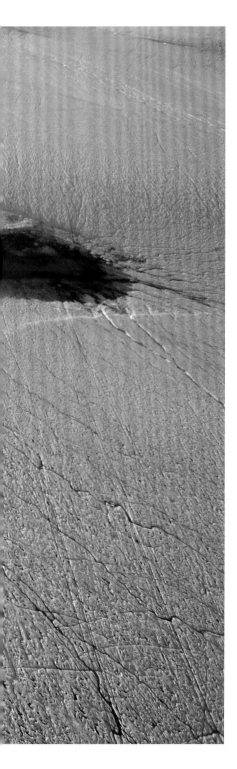

格陵兰西南部，迪斯科湾附近，伊库珀冰川上的一个融水形成的湖。它有300米宽，融水通过顶部的峡谷流出。随着格陵兰上方空气的持续转暖，冰盖上的这些湖最多有8千米宽，而且形成的位置越来越靠北。

很明显，在这里做科学研究既新鲜又危险。团队利用24小时日照，监控他们周遭发生的一切变化。几周内，冰盖上因冰雪融化形成了巨大湖泊，有些宽达8千米。之后随着数百万吨水流入冰盖之下，这些湖泊在一夜间消失。一位在湖边工作的科学家形容雪水奔流而下的声音如"原子弹爆炸般"。

在过去的30年中，格陵兰的气温急剧上升，有5摄氏度之多，这也带来了环境变化。原因很简单，温暖的空气加速了冰盖融化。2010年，哈伯德博士和他的团队发现冰盖的北部和上部正在融化，融水量至少是前一年的两倍。这额外的融水最终流到冰盖之下、岩石之上，起到了润滑剂的作用。

哈伯德博士说："冰突然开始打滑，或者说像人踩到香蕉皮上一样。"

过去的10年中，格陵兰岛冰川的流速已经翻了一番，也可能两番了。东格陵兰的康格尔隆萨克冰川的移动速度达每年14千米。要知道绝大部分冰川一年只会移动几厘米，最多几百米。

萎缩的冰川，上升的海面

现在，科学家认为还有另一因素也在损害格陵兰的冰雪，那就是来自南方大西洋温暖区域的海水。一波波的海水涌入格陵兰的峡湾，使得冰川入海口处飘浮着的冰舌开始融化，削弱了冰川与陆地间的联系。这些飘浮着的冰舌就像堵住冰川的栓子，一旦消失，冰就更容易流入大海。

2010年8月，壮观的彼得曼冰川发生冰裂后，这一问题就成了大家关注的焦点。这次冰裂产生了自1962年后北极最大的冰山。

这块巨冰面积达251平方千米，是美国曼哈顿岛的4倍。人们担心迅速扩张的无冰水域会令剩余的冰舌也融化，从而触发一系列冰裂事件。

整个北极的冰川和冰盖都在融化，而阿拉斯加的冰川变化最为引人注目：对2 000条冰川进行的空中测量显示，98%的低海拔冰川都在变薄或缩短。在过去的25年中，哥伦比亚冰川缩短了15千米。

融化中的陆冰不仅对北极有重大影响，对世界其他地方也有影响。冰和融水从陆地流向海洋，海平面便会升高。阿兰·哈伯德预测，到21世纪末为止，仅格陵兰冰盖的融化就能令海平面升高0.5米。

格陵兰变绿了

2007年，格陵兰最老的4棵树（1893年，一位荷兰植物学家在一次疯狂的试验中将它们种下，人们用这位植物学家的名字将其命名为"罗森维基之树"）再度生长。格陵兰全岛仅有9片森林，其中之一是一片人工栽培的小树林，而这些松树就是小树林的一部分。过去，除了这点绿意之外，几乎所有绿色植物都是从丹麦进口的。但现在气候转暖，超市出售格陵兰产的菜花、西兰花和卷心菜，土豆也被商业化栽培，还有报道说花园里成功地种植了草莓。丹麦植物学家汉斯·格隆伯格（Hans Gronborg）在小农业研究站中栽培出了草地、土豆株，并第一次培育出每年一季的菊花、堇菜和矮牵牛花。当地人看他的植物就像看动物园的稀奇动物。

对于格陵兰南部的人们来说，气候变化是好事。冬季来得更晚、离开得更早，有更多的时间可以在山间放羊、种植庄稼以及游船。埃维人养殖出更多、更肥的羊羔。生长季延伸了3周，喜好温水的鳕鱼也再次出现在海岸。

上图

来自格陵兰雅各布港冰川的一座巨大冰山，此冰川贡献给海洋的冰比北半球的其他冰川都要多。冰川崩解出的浮冰飘过迪斯科湾，之后渐渐融化，进入北大西洋。

对页

夏季格陵兰冰盖融水产生的水道网。这些水经过被称为冰川锅穴的竖井流入冰川底部。融水在流入海洋之前起到了润滑剂的作用。阿兰·哈伯德博士的团队最近证明，从格陵兰冰盖流出的融水流量，在2009年夏季到2010年夏季之间翻了一番。

醉林症

对于同样的景象，600个说伊努皮克语的因纽特人却并不好过。他们即将放弃阿拉斯加北部的希什马廖夫小岛，岛上的房子是他们世代的居所，现在却开始变形并向海中滑去。

希什马廖夫是一个极端的例子，但造成这种现象的原因却广泛存在。北半球地下25%的冻土和永久冻土正在软化，造成土质变松，甚至碎裂；冰冻的山坡发生岩崩；依靠冰块固定的树木开始倾斜，呈现出诡异的角度，这就是为什么这种现象被叫作醉林症。生长在辽阔冻土上的森林渐渐凋零，最终变成沼泽和湿地，这对北美驯鹿和其他以森林为家的野生动物来说是场大悲剧。对人类来说，永久冻土变暖也预示着灾难：家园、工业和环境设施、水管、电线、公路、地铁和机场着陆点都会遭到破坏。

上图

阿拉斯加的希什马廖夫倒塌跌入海中。这里的海岸正在以每年20多米的速度被侵蚀，之所以会这样，是因为永久冻土和海冰的融化让土质疏松，而海浪活动愈加频繁。这是受气候变化影响的最极端的例子之一。

温室气体

这种情况也会对全球造成一定影响。当永久冻土开始融化，本来被冰冻着的有机物露出来，让细菌有机可乘，细菌可从死去的有机体中获得原本被冰冻的碳，并将有机体分解。如果这个过程发生在空气中，就会产生二氧化碳；如果这个过程发生在沼泽或泥塘里，就会产生甲烷——一种更厉害的温室效应气体。而这种现象正以空前的规模扩散着。在西伯利亚，有100万平方千米曾经冰冻的沼泽地现在变为湖泊和融池，而甲烷不断地从水里冒出。

北冰洋底下也有永久冻土，而这片冻土也融化得很快。2008年，北冰洋国际研究中心的娜塔莉亚·沙克霍娃博士（Dr. Natalia Shakhova）发现，永久冻土释放出的沼气量可能会让地球大气中的甲烷量增加12倍。这一潜在的"定时炸弹"的规模还很难预料。

重现沙克尔顿之旅

南极的淡水冰比北极多10倍。这片遥远的冰冻大陆向来冷冷清清，从没有过本土居民，直到1820年才有人类亲眼看到了这片冰地。如今，许多政府都在南极大陆及其邻近岛屿上建立了永久性的科研基地，但即便是在夏季，南极陆地上的人类数量仍很少有超过5 000人的时候。但这并不是说人类没有影响这片大陆：就算是在这偏远的荒野上，逐渐升高的温度还是造成了一定影响。

对南极冰面的研究开始于一次意外，是史上最著名的南极探险的意外收获。1916年，在勘探船被浮冰撞击并沉入水中后，欧内斯特·沙克尔顿（Ernest Shackleton）与两名同伴乘坐小船去寻求帮助。他们驶过暴风肆虐的海洋，最终到达位于南乔治亚岛的亚南极群岛。饥饿难耐、衣衫褴褛的3个人必须穿过冰盖，才能到达古利德维肯（海对面的鲸鱼站）的安全地带。

每隔几年，英国皇家海军陆战队都会试图重现沙克尔顿的旅程，但他们都无法模仿这个传奇般的壮举，因为冰已经融化了。

上图

研究员凯蒂·沃尔特（Katey Walter）点燃了从冰冻的北极湖中冒出的甲烷。永久冻土融化后，里面的有机生物被细菌分解，这一过程即便等上层的湖面再次冻结也不会停止。这就使冰下产生甲烷（一种非常厉害的温室气体）。

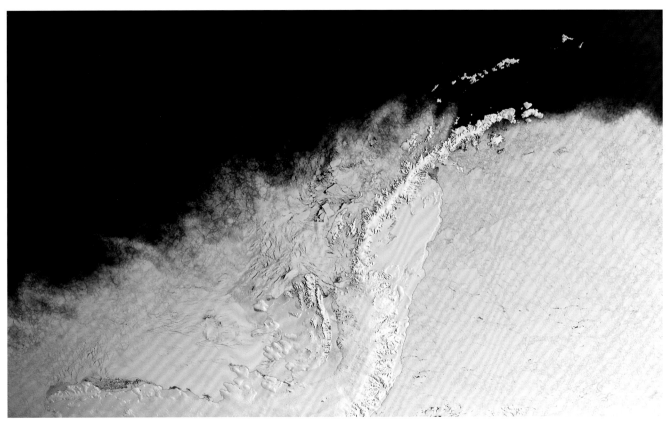

我们之所以知道这个原因是因为沙克尔顿的摄像师——弗兰克·赫尔利（Frank Hurley）拍了许多南乔治亚冰川的珍贵照片。在将近一个世纪以后，《冰冻星球》摄制组回到这片冰川，发现冰川已经缩减了很多。

再往南走，这种变化会更明显。2010年，美国地质调查所称南极半岛南部的所有冰面都在缩减，是1990年以来最惊人的变化。这是由于大气持续升温——50年内升高了2.8摄氏度，使得南极半岛变成南半球变暖速度最快的区域。

漂泊的企鹅

阿德利企鹅巢穴所在位置比其他企鹅更靠南，它们就和生活在北极的北极熊一样，大部分的时间都待在海里，只在春季回到陆地上待几个月，来繁衍后代。阿德利企鹅是南极半岛上最常见的企鹅，它们的身影出现在每一片裸露的岩石上。但是现在，许多聚集地都是荒芜一片。半岛上越来越暖的气候让阿德

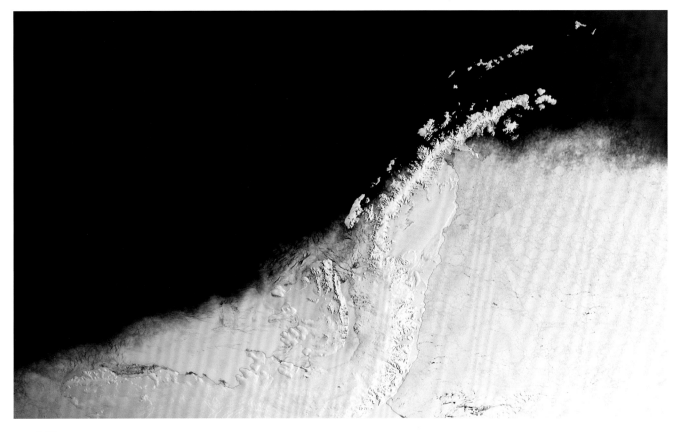

利企鹅赖以生存的食物（喜冰的磷虾）的数量急剧减少。越来越频繁的春季暴雪可能也是阿德利企鹅数量减少的原因之一。这些暴雪在繁殖高峰时期袭击聚集地，并造成严重破坏，尤其是在冰雪融化后，雪水冲掉了巢穴，成百上千个企鹅蛋破碎，许多小企鹅死去。没有人知道，南极半岛上阿德利企鹅数量的减少，究竟是因为数目确实减少了，还是因为有些到南部更冷的地区去了。

但有些动物很喜欢这种新的气候。金图企鹅橙色的嘴巴在半岛上越来越常见。金图企鹅不爱冰雪，而喜欢南极北部比较温暖的岛屿。现在南极半岛变得越来越温暖，反倒成了它们最喜欢的气候了。半岛上这种企鹅的数量在30年内增长了23%。为什么它们能兴旺繁衍而阿德利企鹅却越来越少了呢？

阿德利企鹅依靠冰雪生活，而金图企鹅不喜欢冰雪，在无冰水域，后者能生龙活虎，而水流上涌能防止水面结冰。春季暴雪也不太会影响到它们：它们比阿德利企鹅晚3个星期繁殖，那时候最恐怖的暴风雪都已经结束了。

左图

　　南极半岛丹科岛上的一片金图企鹅聚集地。在过去，金图企鹅喜欢北边更温暖的岛屿，但是在近几十年里，由于半岛冰雪融化，大量岩石露出来，金图企鹅便迁到这片区域来了。

崩塌的冰架

南极半岛如长长的臂膀般延伸出来，比南极大陆其他地方更靠北，所以这里是气候变暖以后，第一片变为无冰区的南极陆地。但是更南边的巨大冰地，南极冰盖的情况如何了呢？那里就一定不会融化吗？毕竟，夏季冰面上的平均气温仍然只有零下20摄氏度，就算是最坏的预言也不敢预测气温会上升到零摄氏度。

但英国南极调查所（BAS）的安迪·史密斯博士（Dr. Andy Smith）以及其他科学家也担心上升的海洋气温带来的影响。他的工作就是关注延伸到淡水中的巨大冰盖，也就是被称为冰架的地方。他用爆破的方式朝冰架底部发出冲击波，并记录回声。史密斯博士通过这些数据绘制出一幅冰架底部地图，让我们看到上升的温度从冰架下方融化了多少冰。

目前认为，冰底融化是导致大部分冰架崩塌这一史上最引人注目的变化的主要原因。

2002年，位于半岛北部的守护神B冰架崩塌，3 250平方千米的冰块从冰盖上断裂下来。冰下温暖的海水和冰面上变热的空气让冰块逐渐变薄，最后到达断裂的临界点，然后冰面下的融水渗透进冰面的裂缝中，让冰盖彻底断裂。仅仅35天，40%的冰架碎成上千座冰山。这是过去30年里人类所记录到的最大的冰架崩塌。

多米诺效应

守护神B冰架中所包含的淡水量非常巨大，但是这并不是问题。真正重要的是冰架断裂后造成的后果，这才是令人担心的。以前，守护神B冰架就像个水坝，阻挡着冰川流入海洋。没有了这个冰架的控制，冰川就会以原来8倍的速度注入海洋。

上图和对页

卫星拍摄到的实时图像，南极半岛东部的守护神B冰架断裂的画面。从2002年1月31日起，每隔35天拍摄一次，然后发现一片跟罗德岛一般大的冰面崩裂下来。在图1和图2中冰面上可以看到不寻常的融水池，这是由气候变暖造成的。碎冰跌入海洋。在图3中可以看到大面积的崩塌，变成许多冰山。图4显示许多碎冰已经融化或分解了。以大陆为基底的冰川再没有冰架阻挡了，冰川就会以比原来快8倍的速度注入海中。

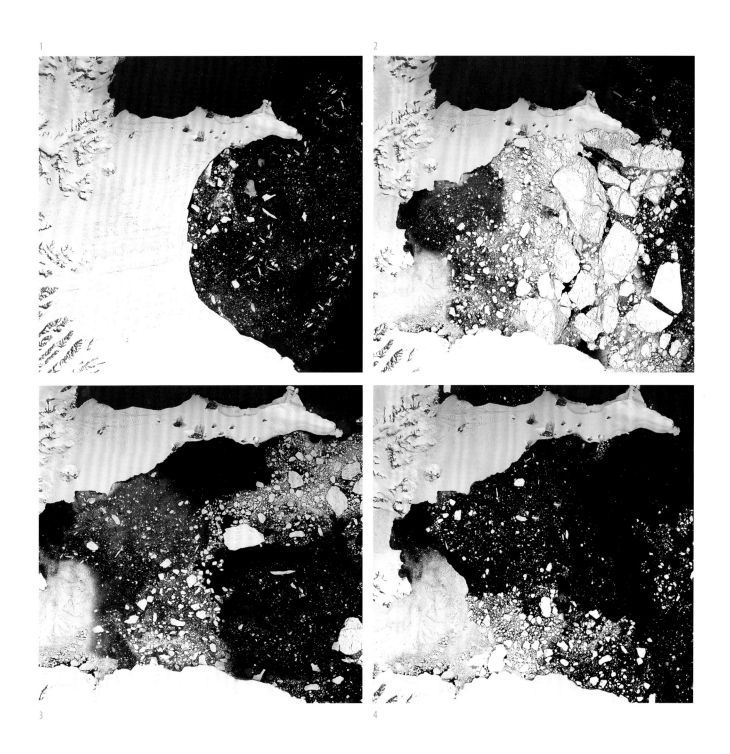

上图

巨大的冰山从罗斯冰架上崩裂下来，这是有记录以来最大的一次。科学家相信巨大的冰山是自然循环的一部分，这与大陆另一头的守护神B冰架的崩塌不同，这也许不是由海洋变暖造成的。

对页

一架英国南极调查所的飞机于2010年飞过威尔金斯冰架的残体。这座冰架比守护神B冰架更大，面积大约跟牙买加一样。在沿着半岛从北向南发生的一系列冰架断裂中，这次断裂是最近的一次。之后要崩塌的冰架是在南极大陆上起到栓子作用的重要冰架。

由于冰架崩塌而从陆地滑入水中的冰块，有可能会让全球的海平面升高。

2008年，卫星数据显示，更大的一个冰架，即位于南极半岛南端的威尔金斯冰架，也开始崩塌了。一年后，一块纽约城大小的冰块从陆地上断裂下来，碎成无数小冰山。2010年，安迪·史密斯博士和他的团队跟随《冰冻星球》摄制组前往南极半岛，记录了整个冰架断裂的过程。他们从位于罗瑟拉的英国南极调查所出发，经过一番艰难旅程后，终于抵达了目的地。他们发现冰架断裂的状况比他们想象得更加严重：断裂形成了许多巨大冰山，宽约几千米，而这些冰山都是从一片面积大约跟牙买加一样的冰架上崩塌下来的（见第296页）。

史密斯博士将设备放在一块最新形成的大冰山上，这样他就能继续远程观测冰架断裂的情况。沿着半岛从北向南发生了一系列冰架断裂，其中威尔金斯冰架的断裂是最近的一次。史密斯博士担心，接下来要崩塌的冰架正是起到栓子作用的冰架。

冰块、海洋和气候

南极冰盖被南极横贯山脉一分为二。西南极冰盖（WAIS）比东南极冰盖更小一点，但若周围的冰架崩塌，这两片冰盖都有可能让海平面上升好几米。科学家更加关注WAIS，它是大陆两片最大的冰架——罗斯冰架和龙尼·菲尔希纳冰架的源头。这两个冰架阻挡的冰块在自身重量的作用下，已降入海平面以下500米了。这就是说海水有可能从冰盖底部渗上来，并加速它的流动。如果这片冰盖崩裂，大量内陆冰和融水会流入海中，这会导致海平面大幅度上升。它什么时候会崩裂以及崩裂的程度都很难估量，因为对于陆地冰、海水变暖和大气间的相互作用，我们知之甚少。但真正的问题是，我们究竟能不能对这样的威胁视而不见，我们承担得起后果吗？

上升的海面

世界上有许多大都市都是靠海的，比如伦敦、纽约还有曼谷，这些沿海城市拥有世界上70%的人口。许多沿海城市的人们积极应对海面上升，政府和居民都付出了巨大的经济代价。所以对这种可能，人们急需一个可靠的预测。

2007年时，由政府间气候变化专门委员会（IPCC）发布的机构成立以来最厚的一份报告称，到2100年，海平面会上升0.59米。但是它们所使用的计算模型并没有将甲烷以及冰架崩塌后流入海中的冰川计算在内。

2009年，由全球35个顶尖气候研究机构所组成的南极研究科学委员会（SCAR）将这个数据修改成1.4米，这比两年前的预测高了两倍多。而气候学家逐渐达成的共识是，这一数值大概为1米，这足以将许多国家的低地淹没，使得许多地方不能居住。

在海平面上升1米后，原本每世纪仅发生一两次的海岸洪水会每几年就发生一次。海滨、沼泽和沙洲都会被快速侵蚀，而且由于海水带来大量盐分，淡水供应将变得紧张。

在美国，东岸部分地区和墨西哥湾沿岸将承受巨大的损失。在纽约，海岸洪水可能会频繁光临。而在佛罗里达州，迈阿密周围大约15%的城区会被淹没，海水会入侵北卡罗来纳州的部分地区，深入内陆超过1.6千米。当然人们可以建立一些设施来防止海水倒灌，比如新奥尔良地区的堤坝、荷兰著名的岸堤以及伦敦的泰晤士大坝。但随着海平面上升，这些大坝的造价也会飙升，而且不管怎样，这些堤坝都不是百分百安全的。卡特里娜飓风就是最好的例子。每隔几年就来一次的狂风巨浪一定会迫使人们搬往内陆地区。但有许多人根本没有地方可去，特别是在亚洲，有许多大城市，甚至是整个国家都处于危险地带，比如孟加拉国。

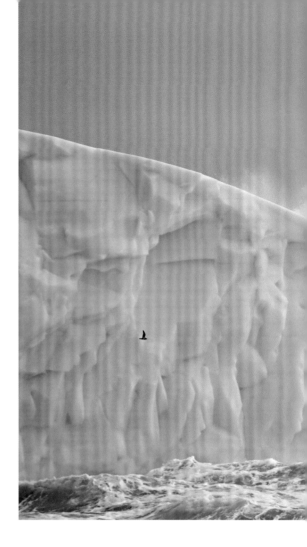

冰原探索先锋

在地球上，有超过1/3的地方一年四季都被冰冻着，人类还没有机会目睹其他的可能。人类的进化大约始于200万年前，那时最后一次冰期刚开始，从那时起，地球两极就一直被冰雪覆盖着。人类第一次登陆北极大约是在4万年前，虽然自身没有皮毛来保暖，但善于利用他物。早期的探索先锋在极地繁衍后代，他们发现即使在冰冻的北极，人们也是可以生活的。有一些生活方式一直沿用到今天。

在地球的另一端，人类第一次亲眼见到南极是在不到200年前。与那些去北极的人一样，勇敢的水手穿越南冰洋来到这里，也是为了寻找新的狩猎场。鲸鱼和海豹捕手愿意待在南极边缘，从水中捕获大量猎物，但他们从不曾涉足南极大陆。

上图

一座南极冰山被南冰洋巨大的海浪拍击着。随着越来越多的陆地冰滑入海中，冰山的数量随之增加，进而造成全球海平面上升。

一个世纪以后，所有的一切都改变了。有一个团队发誓要征服南极苦寒的内陆地区，但不是为了开采资源，而是为了探索这片无人之地。探险，尤其是斯科特船长所领导的那种，成为了人类极限忍耐力和民族自豪感的象征。斯科特和他的队员都死在冰上，不过他们的目的就是到达南极极点，拍些照片并留下自己的足迹。

直到今天，还没有人对南极进行过开采，以后也不会有。1959年制定的国际公约保证了这一点。公约规定，全世界各国和地区都同意任何国家和地区不得占有南极，或在南极开采矿物和石油。但为了人类大局着想，这片大陆可被用于研究。现在人们发现，在南极进行科学研究的重要性，远远超过了制定公约时所想到的程度，因为我们已经认识到，极地发生的事情对整个地球都有很大的影响。

停止制冷

极地地区是地球的空调，能帮助地球降温，但全球气温变暖，使得极地、大气和海水温度上升，破坏了它调节气温的功能。覆盖在地球表面的冰雪融化后，会导致地球无法将太阳能反射回去，冻土融化造成温室气体排放，而大量的内陆冰融化则造成全球海平面上升。极地地区气温迅速上升，而且上升的速度是其他地方的两倍。正因为如此，极地地区可以被看作一个预警系统，是地球的"金丝雀"。

在煤矿场里，金丝雀会警告矿工，危险即将到来。人类会注意到极地给我们的警告，并想办法减慢这种变化的速度吗？如果我们不这么做会怎样呢？人类很懂得适应。即便最糟糕的预测成真了，我们人类也可以存活。但人口会大量减少，并且许多人将会承受难以言喻的痛苦。可以肯定的是，如果没有冰冻的极地，我们的家园将会变成苦难之地。

对页

澳大利亚的南极领地，默斯顿南极站附近，一座连接地面的冰山冻成了坚冰。冰是极地最恐怖的力量，但也是生命生存的基本要素。在奥斯特聚集地，这样的冰山能为繁殖期的帝企鹅和企鹅幼鸟挡住猛烈的冬风。

第 7 章 | 极地故事：极地史诗巨作

极地史诗巨作

纪录片《冰冻星球》是绝无仅有的，原因并不是规模宏大，也非调配众多经验丰富的野外摄制组和极地科学家进行长途跋涉，而是因为南极和北极正日益消融。这一纪录片旨在向观众展示极地之壮丽，极地地区是地球上仅剩的大片野生生物区域，而全球变暖会使两极发生永久性改变。这一纪录片使用电影长片的技术——叙事、情节和史诗般的镜头——来达到这一目的。这一纪录片由北极地区的北极熊和南极地区的阿德利企鹅领衔，北极狼和虎鲸联合主演，其他角色还有极地的统领者——太阳以及永远存在的冰和雪。

纪录片《冰冻星球》是执行制片人阿拉斯泰尔·福瑟吉尔（Alastair Fothergill）在拍摄《冰雪的童话》（*Life in the Freezer*）、《蓝色星球》（*Blue Planet*）和《地球脉动》（*Planet Earth*）时所萌生的想法。《地球脉动》系列的突破在于使用高清摄影带来更清晰的图像及其美得令人窒息的航拍画面。航拍画面由陀螺稳定式摄像机完成，这种摄像机可以360度旋转，通过摇杆操控，可安装在飞机或直升机上，即使在高空也能拍摄稳定的图像。《冰冻星球》纪录片项目启动时，计算机技术已飞速进步，高清、高速摄像机也日益完善，再加上全新的延时拍摄和运动控制技术，更有可能拍摄到突破性的影像。不过对于所有宏大的项目，仅靠技术是不行的，更要靠团队合作和仔细规划才能取得成功。

极地酷寒无比，天气多变，可供拍摄的季节又十分短暂，摄制组前往极地并在极地停留需要一大笔花费，而许多动物的行动又难以预知，这些都是摄制组所面临的问题。直面这些难题可能得到巨大的回报，也可能会有挫败。让我们慢慢道来。

多管齐下

摄制组仅有4年时间来完成拍摄，这意味着只有两次机会在南极拍摄，因此在2009~2010年南极的夏季开始时，摄制组便同野生动物一起向南方移动。拍摄期只有5个月，只有采用多管齐下的拍摄方法，将7名摄制成员安排在南极大陆的不同地方：在冰缘拍摄虎鲸，在陆地上拍摄企鹅，潜入冰下或飞到南极内部无人之境进行拍摄。

　　驶过德雷克海峡的唯一方法是坐船，乘坐俄罗斯的破冰船、与英国皇家海军一道或乘坐金羊毛号——首艘穿越南极的小艇，船长是南极老兵杰罗姆·波塞特（Jérôme Poncet）。此外，国际科学基地，尤其是美国麦克默多基地和英国南极调查基地也提供了必要的帮助。在南极的可拍摄季节结束后，摄制组便同北极动物一起去追寻北极的春季。

高空飞行

　　"感觉就像一场不相配的婚姻，"执行制片人瓦内莎·波洛维兹（Vanessa Berlowitz）这样形容她和Cineflex摄像机的关系，"我们一起去过世界各地，但最头疼的还是带它到南极去。"没有了它，就不可能进行空中拍摄，就无法展示出如此宏伟的冰冻大陆。但问题是，在零下35摄氏度的温度下，它能正常运作吗?

　　关键还在于如何说服Cineflex摄影师迈克尔·凯勒姆（Michael Kelem）离开舒适的好莱坞，前往南极。然而更难的是如何规划行程。美国国家科学基金会准予《冰冻星球》摄制组的飞行时间，从麦克默多海峡算起，共120小时。因此，计算出飞行时间至关重要。"但关于这片区域的照片非常少，我对这里的规模也基本上没概念。"瓦内莎说。

　　首次飞行便是飞跃南极的活火山——埃里伯斯山。瓦内莎说："峰顶的景象跟期望中的完全不同。"强风和火山烟给拍摄带来了挑战，摄制组在尝试了15次后，飞行员保罗·墨菲（Paul Murphy）冒险驶向云层的一个空洞，终于在第16次拍摄成功。"这次飞行十分危险，我们得跟强风抗争，还得设法躲避火山烟。"

　　拍摄冒泡的火山口时，"迈克尔希望直升机能保持稳定，以便拉近焦距，但保罗不得不将直升机开走，并在空中环绕。环绕了4圈我们才拍到了想要的画面。地面上的科学家在火山边缘朝我们挥手，迈克尔将飞机撤离，并在极端环境下开始下降。"突然，直升机开始"加速下降，我感觉我的耳膜都要破了"。云中的空洞即将消失，"而直升机的速度也已经到极限了。"

　　在由内陆向干谷飞行时，"要计算从一个燃料库到下一个所需的时间，可供参照的地图都100年没有更新过了，"瓦内莎说，"但只有在空中才能领略到南极内陆的真正规模。"

　　"冰滑入山谷中，高山无法限制冰冠，眼前这景象正是活生生的地质变化，冰与岩石之间永恒的对抗……山谷十分干燥，飞行员不得不提升飞行高度。这一切看起来十分不协调——就像是把美国大峡谷放到了南极洲里，而见过这样峡谷的人屈指可数……在一个山谷上空盘旋时，我们发现了石像鬼岩，这些岩石在千年的风化作用下，变成雕塑一般……我一直在想，怎样才能只用几个镜头就展现出这里的奇观。"

上图
　　飞在高空中的瓦内莎导演，再次起飞，试图拍摄巨大的南极活火山——埃里伯斯山。

对页
　　图1 直升机正飞往埃里伯斯山，从飞机上看到的南极冰冠。
　　图2~图3 在火山口上空盘旋，飞机的最高飞行高度为4 270米，此时已接近这一极限。高空中空气十分稀薄，不仅人需要氧气面罩，直升机也无法悬停。
　　图4 火山口内部。通常，云雾般的蒸气会让人看不清下方的熔岩湖（这是世界上仅有的3处永久熔岩湖之一），但这天也是少有的蒸气较少、可供清晰拍摄的天气。

1

2

3

4

最后的挑战便是按斯科特的远征路线，先沿着海岸飞，而后飞往南极点，与大卫·阿滕伯勒会合，而只有双水獭飞机才能飞这么远。这便意味着要为Cineflex摄像机设置一个特殊支架，在酷寒的天气下设置摄像机，若天气恶化，还要将其卸下。事实上，足足等了8周，天气才转晴，可以起飞。

瓦内莎说："在南极，一切都壮观得令人难以置信。沿海岸飞行时，我想拍摄著名的德里加尔斯基冰舌。该冰舌的源头就是南极冰冠。

上图

站在南极点的大卫。在一架俄罗斯飞机和黑色塑料袋的帮助下，在勇气的鼓舞下，摄制组和大卫·阿滕伯勒带着设备顺利到达南极点。

但即使在6 056米的高空，也一眼难尽其极。"俯瞰海岸，我们便明白了为什么哈利特角会有阿德利企鹅聚集地："这里是漫长海岸线上，唯一一处有风吹又无冰的地方。"

"转眼间我们已到达南极横贯山脉，这相当于南极洲的喜马拉雅山脉，被冰川一分为二。我们沿着比尔德莫尔冰川继续飞行，这冰川就像波澜壮阔的大海，我一直惊呼：'天呐，真宏伟！'——而这只是冰冠的一角……斯科特在陆地上无法体会到这趟旅程的伟大。"

这里的冰冠是"我见过的最让人绝望的景观，我们飞了6小时，只看到白茫茫一片……直到我们看到了天边一个黑点——南极站，大卫和摄制组其他成员就在那里等着我们。"

飞机没有航拍所需的机动性，瓦内莎说："每次起飞时，窗口和镜头都会结冰，我以为我们拍不成了。我们在空中一圈圈盘旋，盘旋了有10圈。大卫就一直在零下35摄氏度的严寒中等待着。每次都会出点问题。迈克尔手指冻僵了，无法准确调焦，而大卫的膝盖则会突然抽搐。大卫所站之处当年阿蒙森和斯科特也曾来过，我们必须克服困难。"

另外，在北极拍摄大卫也是一项非同一般的任务。他们早春就来到这里，这就意味着要与俄罗斯人一起飞来，还要在不断移动的冰上扎营。"我们用黑色塑料袋标出着陆点（俄罗斯人的方法）。所有装备都到位后，我们望着飞机消失在天际，而天气也开始变坏。"瓦内莎说。

他们孤零零地在冰上待了6天，为摄制工作专门租用的古董直升机才终于可以起飞。为指导空中拍摄，瓦内莎得把指令大声喊给翻译，通过翻译与飞行员交流，她还得跟摄影师加文·瑟斯顿（Gavin Thurston）共用一个耳麦。此外，如何找到北极点也是一个问题。

终于可以让大卫下飞机出镜了，"他表现得十分出色，84岁的高龄却仍然十分专业。"直升机在空中盘旋拍摄，大卫变成了冰面上的一个小点。15分钟后，冰层已经偏移，他所站的位置已经不是北极点了。离开基地才几小时，冰面上就出现了巨大的裂缝，冰也会随之漂走。

上图
从飞机上鸟瞰南极横贯山脉。大卫和摄制组成员顺风搭上了美国大力神飞机，从麦克默多海峡飞到南极点，下方便是绵延的山脉。

冰层之下

如果说南极是被海洋包围、被冰雪覆盖的陆地，那么北极大部分则是被陆地包围、冰雪覆盖的海洋。导演伊丽莎白·怀特（Elizabeth White）说："事实上，在北极大部分的拍摄都是在冰上而非陆地上完成的。坐在雪地车上，你会以为自己下方是冻原，而实际却是冻结的海洋。在这冰层之下，则有另外一番景象。"春季，他们在冰上割出洞口，得以到冰下一探究竟。莉兹（Liz）说："底下的绚丽色彩让人震惊！"而在冰下工作也是"在陌生环境中，一场同时间与寒冷的竞赛"。

南极罗斯海的海底不仅极寒，而且难以进入。在麦克默多海峡的美国科学基地的帮助下，我们终于得以潜入海底拍摄。

下图

图1~图2 大型打钻机。美国麦克默多基地提供了设备支持，摄制组在罗斯海冰上钻开了1米厚的冰层，钻开后会在洞口盖上小棚。

图3 入水。在制片人凯瑟琳·杰夫斯（Kathryn Jeffs）的帮助下，摄影师休·米勒（Hugh Miller）和道格·安德森潜入冰下。他们穿有保暖背心，可在水中待60分钟而不被冻僵。

图4 探出头来。威德尔海豹从潜水洞中探出头来呼吸，但这会挡住出口，给想要从水中出来的潜水员造成麻烦。唯一的方法是佯装另外要用这个出口呼吸的海豹，吹出一串气泡。

对页

对焦大海绵。光是为了调整光线和遮光板（在照相机的顶部），道格·安德森就得下潜好几次。但幸运的是冰下水流不急，冰上24小时都有阳光。所以面临的挑战是寒冷和在计划的时间内完成拍摄。

1

2

3

4

科学家给摄制组提供了交通工具、住宿和工作间，还帮他们在冰上钻了一个洞，除此之外，他们还就大家不熟悉的海冰给了摄制组一些宝贵的建议。摄制组想要用延时摄影（一分钟一幅画面）拍摄海冰和冰下的海洋生物，来展示海底的丰富多彩以及海洋生物的形成和灭亡。

设置好延时摄像机并搭建好特殊的外壳后，摄像机便能够在零下2摄氏度的水下运作了。摄影师休·米勒和道格·安德森带着整套设备一同潜入25米深的水下，这里有不少海底生物。第一次入水主要是安装摄像机，但就在下潜时，他们的背后有危机在蔓延，道格称之为"蔓延的死亡冰手指"。事实上，这正是他们想拍的盐冰柱：一股流动的浓盐水，让周围海水结成冰针，并不断延伸，能杀死它碰到的一切生物，将生物包裹在冰中，然后消融。

好景不长，一只威德尔海豹将冰柱撞碎了。休·米勒猜想在同一个地方还会出现另一个盐冰柱，他便架起了3台摄像机，选了3个角度（以供后期剪辑），让它们在水下延时拍摄了8小时。"很多事都可能出错，"制片人凯瑟琳·杰夫斯说，"曝光值可能过大，电池可能也会因为太冷而失效，外壳可能会进水，一些软体动物可能会挡住了镜头……"但休计算得十分精准。他把摄像机取回，并将文件下载出来后发现，他们拍到了"死亡冰手指"穿过一只海星并将后者封住的画面。

冰之边缘

对导演查登·亨特（Chadden Hunter）、摄影师约翰·艾奇森（John Aitchison）和迪迪尔·诺瓦特（Didier Noiret）来说，他们面对的挑战是找到无冰水域。他们要拍摄的画面十分简单：帝企鹅从海里跃到冰缘上，但他们从麦克默多湾飞往华盛顿角时发现，找到无冰水域着实是一项挑战。

在固冰（永久冰）上搭好帐篷后，他们开始了在冰上的艰难跋涉。他们知道前方必定有无冰水域，因为他们看到了返回聚集地的企鹅。在

对页

图1 准备下潜。摄影师迪迪尔·诺瓦特准备将笨重的高清摄像机和特制的外壳带入水下，他已带着这些设备在冰上跋涉了数千米。潜入水下后，摄像机便变轻了。于此同时，帝企鹅也准备出水了，它们的心跳提速到每分钟200下，以尽可能多地吸入氧气。

图2 蓄势待发，准备入水。迪迪尔将摄像机放入水中，用一只眼观察取景器。一旦企鹅开始入水，他只有几秒的时间来录像。通常，他和查登在冰洞旁等了好几小时之后，才有企鹅潜入水中。尽管他们戴了厚厚的手套，但手指依旧冷得发抖。

图3 出水。帝企鹅如火箭般以400千米每小时的速度从水中跃出。幸运的是，帝企鹅体形呈流线型，而且脂肪层较厚，可供缓冲。拍摄跃起的帝企鹅是不小的挑战，不仅因为它们的出水时间不可预见，还因为帝企鹅（虽然体形较大）害怕海豹，而穿着潜水服的人看起来很像海豹。

1

2

3

极端环境下工作了几天后，他们终于找到了一处冰洞。查登说："就像是在撒哈拉沙漠中发现了绿洲一样，惊喜无比。"然而，没有企鹅使用这个冰洞。除了暴风雪和重重挫折外，冰面的移动（在冰上扎营十分危险）让他们不得不跋涉5千米回到营地去睡觉，并祈祷着期间冰上不会出现大裂缝。10天后，他们终于找到可以拍摄帝企鹅跃出画面的无冰水域。

最后一道难关便是要用慢镜头拍摄帝企鹅从水面跃出，身后还跟着一串串水珠的画面。这就意味着要潜入蓝色海水中，设备还不能插电（因为电线可能会将机器缠住），同时还要使用高速摄像机（实现超慢镜头），要知道他们之前从未在水下用过高速摄像机。

上图

　　迪迪尔开始行动。在水下，巨大的摄像机变得很轻，这让他能轻松追踪帝企鹅。从海底深处游来的帝企鹅在出口处徘徊，等待心率上升到正常水平，然后猛地一跃，羽毛中的空气在水中留下一串气泡。它们没有四肢来把自己拉出水面，只好通过这种跳跃的方式。但它们看不到冰面上有什么，因此有时会发生喙被撞断的惨剧。

　　控制浮力的唯一方法便是控制潜水服中的空气量，稍有差池，"就有可能沉入海底"，查登如是说。此外，水下温度为零下2摄氏度，呼吸管道若有淡水水蒸气，就有可能冻结。除了顶级的装备和冰下潜水员的技巧之外，没有别的"安全网"了。

　　水下十分清澈，以至于常常让摄制组摸不着头脑。"在水中看见一个小斑点，最开始会以为那不过是浮游生物，但其实那是身长达1米的企鹅，不过是在百米之外。企鹅像飞船一样在水中旋转，准备从冰洞中一跃而出。你被它们迷住了，突然发现自己在快速下沉，然后便疯狂地按按钮，让空气进入潜水服。"他说，"那就像是在太空漫步，游走在太空舱外，周围到处都是奇异的生物。"

冰缘之鲸

春季，冰层渐渐融化，许多极地鲸随着融冰寻找食物。在南极，虎鲸能游到南极腹地，它们沿着冰缘徘徊，寻找能从中穿过的裂缝，以吃到海冰下丰富的食物。查登·亨特和摄影师杰米·麦克菲森（Jamie McPherson）坐着麦克默多基地的直升机，在罗斯冰架的边缘追寻虎鲸的踪迹。

如果发现虎鲸在冰间的水路中游动，他们就会飞到虎鲸前方着陆，架设好可变帧频摄像机（既可以拍摄慢镜头又可以拍摄实时画面）和宝丽康摄像机（架在杆上可在水下拍摄的摄像机），并耐心地等待。

"它们通常会趁我们不注意时，'嗖'的一声猛地跳出水面，"查登说，"你会被它带起的油状雾浸湿，闻起来像是小狗般臭臭的。"这种雾气也会影响摄像机镜头。虎鲸为了呼吸不停地跳跃（在冰间的水道中，它无法通过背部直接呼吸），同时也利用跳跃好好观察一下站在冰上的人类。

"被围观的感觉很奇特，"查登说，"它们打量你时，眼睛上下转动。年幼的虎鲸还会发出吱吱声，径直朝我们冲来，兴奋无比，还会相互推搡，将冰块扔起，直到母鲸叫它们回去。好奇是它们的天性。"

在北极，加拿大巴芬岛附近聚集了很多独角鲸，冰层开始消融时，它们迫切地想进入伊克利普斯海峡，捕食比目鱼。它们在冰缘排成一排，等待水道裂开。这时，相对而言，它们不怕生人，因此在空中拍摄完成之后，制片人马克·林菲尔德（Mark Linfield）派摄影师汤姆·菲兹（Tom Fitz）到冰面上进行拍摄。

在等候冰层融化时，拥有"独角"的雄性独角鲸（有的雌性也会有角）开始做不寻常的事——它们开始"角斗"，这景象没有人拍摄过。

"我脑中想象着这样的画面，刀光剑影剑拔弩张，"马克说，"但现实中却很温柔，几乎就像是在抚摸对方，一点都不像是在战斗，虽然这可能就是它们分出高下的方式。"

终于冰层裂开了，独角鲸蜂拥入海峡，马克说："就像是交通高峰期。"它们从不同的地方进入，沿着水道疾行时会偶尔跳出水面，远处看就像蜂鸟。两队行进方向

虎鲸妈妈和虎鲸宝宝从冰上的裂缝中探出头来。它们看到冰上的摄影师杰米·麦克菲森后很是震惊，而杰米则被它们呼出的喷雾所吓到。虎鲸在罗斯冰架下捕食齿鱼时，以冰上的裂缝（水道）为通路和呼吸口。冰层太薄，摄制组无法驾雪地车来追踪它们，因此只能由直升机沿着水道来搜寻它们的踪迹。一旦成群的虎鲸浮出水面，摄制组就会赶到前方较远处着陆并准备好设备。水面十分清澈，甚至可以看到虎鲸正排着队，轮流浮出水面呼吸。

相反的虎鲸相遇时，便会"两军对峙"，蒂姆（Tim）那天早上就拍
到了这样的景象。不光是因为那是行程上的最后一项，还因为那天
早上冰层开始融化。"第二天，冰就全部消失了，我们再也没看到
独角鲸。"

上图

　　春季"交通高峰期"。冰层一开始破
裂，等待许久的独角鲸便冲向水道，去寻找
新的捕猎地。

疯狂的企鹅

上图

　　每天都要长途跋涉返回营地。马克和杰夫不得不在企鹅聚集地2.5千米之外扎营，这就意味着在4个月内，他们每天都要拖着摄像设备来回跋涉。当他们不在企鹅聚集地，也没有暴雪时，周围一片寂静，唯一能听到的便是风声。

　　摄制组本打算整个春季都用来拍摄本片的南极巨星——阿德利企鹅，从10月剧组到达，一直拍到2月幼企鹅破壳而出。当然，这会是一项艰难的挑战。对于摄影师马克·史密斯（Mark Smith）和导演杰夫·威尔森（Jeff Wilson）来说，这意味着他们要面对风暴和严寒，在没有交通工具、仅有一部卫星电话的情况下，在克罗泽角独自工作4个月。但他们是摄制组里最坚强的人，而且企鹅也不危险。然而他们没有料到，等待他们的是狂风、吵闹声、死亡和荒芜。

　　"首先映入我们眼帘的是遍地的死企鹅。"杰夫说。在极度干燥和寒冷的条件下，细菌也无法生存，动物的尸体不会腐烂，但会冻成类似粪便的状态，惨不忍睹。活着的阿德利企鹅还在远方，正穿越罗斯冰架向南前进。这里只能听到风的呼啸。事实上，风是他们此次旅途中最可怕的经历。

1

2

3

4

"一直以来，在北极拍摄就怕北极熊，过了很久，我们才学会不需要时刻保持警惕。但很快我们意识到，真正应该害怕的是北极的风。我们能够听到远处风的声音，像是飞机低声呼啸，然后我们就得迅速奔向紧急避难处。"

几天之内，雄企鹅一个接一个地来到这里，宣告它们的领地权，"就像聚会上早到的宾客"。它们站在一旁徘徊，没有雌企鹅需要取悦，也没有有竞争力的对手。同时，它们对站在冰上的两个"巨人"十分好奇。

随后，第一场大暴雪降临了。杰夫回忆道："我们已经习惯了极端的天气。当暴雪降临时，我们非常兴奋，互相拍摄对方被风吹下雪坡的画面。但随着风力加大，我们开始感到害怕。"先是帐篷倒了，"当时最担心的就是在企鹅聚集地里，绑在岩石上的设备恐怕再也找不回来了。"呼啸的狂风速度增加到了240千米每小时，他们害怕避难处的房顶会被掀翻。那时他们脑中的念头就跟100年前斯科特和他的手下一样。此外，他们还担心牙齿会因为寒冷而冻掉。

4天后，两人出现了，不仅窝起来的企鹅经受住了风暴，企鹅聚集地的规模也扩大了一倍。"我们走下小丘，感叹着企鹅数量众多，我们看见在雪上有一大群企鹅的身影。可以拍摄到如此难得的场景，我们激动万分，之后我们便从小丘上跑下，来到了冰上。"

每天有将近800只雄企鹅来到这里，之后是数以千计的雌企鹅。它们配对后，对领地的争夺也升级了，当然噪声也变大了。6周后，阿德利企鹅总数超过30万只，发出的叫声震耳欲聋。

在这里难免会陷入疯狂。"24小时都是白天，我们不知道自己吃的是哪顿饭，而且缺乏睡眠，作息也不规律。再加上对风的恐惧，我们开始有些受不了了。"杰夫回忆道："在企鹅的尖叫声中，我开始听到其他声音，最开始我听到一只企鹅在叫我的名'杰——夫！杰——夫！'幸运的是，我能跟马克交谈，如果只有我一人在，我估计会吓得不行！"

别看阿德利企鹅个头不大，攻击性却十足，聚集地中若企鹅数量太多，就意味着会有激烈的巢穴之争，企鹅会用鳍状肢赶走入侵者。阿德利企鹅胸部的肌肉十分强壮，适合在海里生存，被鳍拍到，就像是被船桨打到一样。

　　杰夫回想道："毫不夸张地说，我们的胳膊青了好几个月。"开始时，两人觉得这很有趣，但很快他们就感受到攻击者的敌意。确实，看到海豹（海豹捕食企鹅）容易使企鹅激动。待阿德利企鹅安定下来开始孵化下一代时，杰夫和马克终于得到了3周的休息时间。

　　企鹅幼鸟则不同，你很难不对它们产生感情，而这一点是十分致命的，因为每对幼鸟中只有一只能存活。每只幼鸟都可能会被企鹅父母溺爱，也可能会被身边的企鹅啄死，甚至被肉食性的贼鸥活活吃掉。

上图

　　马克和阿德利企鹅在海滩上。他和杰夫刚到达时，海滩还被冰雪覆盖着。但到了仲夏，冰雪消融，企鹅也多了起来。阿德利企鹅会聚在一起，相互鼓励着跳入海中，因为它们害怕潜伏在冰下的海豹。只要有一只企鹅向海中进发，其他企鹅就会随之入海。

"幽默都变得苍白，每天都有这样的惨剧发生，我们也渐渐习惯了这样的残酷。"马克回忆说。

现在已是夏季，之前温度一直为零下30摄氏度，温暖是很受欢迎的。但随着地面冰雪消融，企鹅的粪便和尸体也会被冲得到处都是。马克说："那气味奇臭无比。"企鹅父母从海中捕食归来，会把它们没吃完的粉色磷虾和小鱼吐出来，喂给幼鸟。"充满腥味的呕吐物、企鹅的粪便加上尸体的恶臭，这样的组合绝对够劲爆。"臭气无孔不入，他们回来几个月后，设备上还有臭味。杰夫回忆说："起初，我们还可以脱掉沾满便便的衣服，再钻进睡袋；但后来，连睡袋上也沾上了便便。"

最后一个阶段是成年企鹅双双去觅食，而幼鸟聚集在一起，这时便成了贼鸥的美餐时刻，而企鹅聚集地周围有数以千计的贼鸥（超过1/3的企鹅幼鸟都没能挺过这一阶段）。贼鸥的领地意识也很强，也会去啄马克和杰夫的头，这可比被企鹅拍打要令人难受得多。

幼鸟渐渐长大，刺耳的叫声也随之消失了，马克和杰夫的日常生活也就变得更加轻松。在观察了小企鹅成长和成年企鹅觅食后，他们对阿德利企鹅的崇敬之情日益增长。同时他们也意识到，不管是肉体上还是精神上，这一段经历深深地影响了自己。

杰夫和马克共同克服了困难，也建立了深厚的情谊。"我认为拍摄这一行所需的技能之一便是要会放松，"杰夫说，"学会接受对方的性格。"此外，他们也在不同的企鹅聚集地度过了不少单独时光，这也起到了一定的缓和作用。杰夫喜欢用延时摄像机进行每日记录，而马克则拍摄动物的行为。当然，他们来的时候准备了精良的设备和充足的粮食。杰夫回忆说："正如大卫·阿滕伯勒所说，'在外要学着大智若愚'。"没有什么比一袋速食咖喱更能振奋人心了。

在阿德利企鹅聚集地那段异常艰难的日子是无比难忘的。"我们意识到这里是真正的荒原，"杰夫说，"人类无法融入这些企鹅的生活，我们只是旁观者。"

被北极熊 "猎杀"

对页

看看今晚吃什么。来访的北极熊使摄制组的成员十分担心，虽说透过舷窗观察北极熊让他们很享受，但北极熊频繁来访也使他们彻夜难眠。

下图

打量小船。船上厨房传出的气味也能吸引北极熊。把船停靠在海冰边有一定危险，因为北极熊有可能会爬上来。

"北极熊很擅长在积冰上行动，而你不行。"制片人迈尔斯·巴顿（Miles Barton）说，"因此，人与熊之间，最好隔着4.5米宽的水流。"在斯瓦尔巴群岛上拍摄北极熊时，摄制组要用到两种船，防冰的拖船和一条快速的船用来赶上北极熊（转向也得很迅速）。Cineflex摄像机的摇臂固定在船身上，因此摄像机可以流畅地上下移动。

来到这里已经3周了，这一天又没有见到北极熊的影子，迈尔斯试图睡一会觉（24小时都是白昼，船长停船的方式就是让拖船撞上冰层，这并不管用），忽然他听到有人叫喊："船舷上有啤酒！"。结果，不是摄影师泰德·吉福德（Ted Giffords）和约翰·艾奇森在叫他喝酒，而是在提醒他"船舷前方有北极熊"（英语中熊bear和啤酒beer发音相似——译者注）。北极熊通过舷窗盯着厨师，如果有机会，它便会爬上船

寻觅到人的气息。北极熊的嗅觉极其灵敏，不仅能用于捕食，还能远远地察觉到摄像机的所在位置，尤其是当北极熊在冰面上活动了许久后，嗅觉就会变得更加灵敏（在扎营时，把所有的东西都清洗一遍祛除气味是不可能的）。气味是北极熊相互交流的主要方式。有些生物学家相信，北极熊是通过留在冰面和雪地上的气味交流的。

来。他们放下快艇，拍摄了近半小时。而那只雄性北极熊却对这一切不闻不问，因为它正忙着寻觅海豹。凌晨3点，正当这只北极熊离开时，他们看到了一直所期盼的场景：一只母熊带着两只熊宝宝朝着他们走来。

"我们的摄像师使用操纵杆来控制高清摄像机机，并将头藏在帽子里以抵挡强光。此时若抬起头，眼睛便可能被强光刺瞎。作为导演，我也把头埋在帽子里看着监视器上的画面，心情十分激动，完全忘记了这只北极熊离我们只有咫尺之遥。当它直接朝我们走来时，我记得我对操控船的杰森（Jason）说'你在这儿看着它'。这时，船突然向后退了。"那只母熊已经快要爬进船内了。麦尔斯说："这是我人生中第一次被'猎杀'的经历。"熊妈妈在冰面周围来回走动，为我们提供了许多精彩的镜头。之后便离开我们，给熊宝宝们上了一堂游泳课，"一堂精彩且极具个人特色的游泳课"。

杰夫·威尔森与北极熊的亲密接触却是另一番情景。当时他正在斯瓦尔巴群岛，等着拍摄2月14日这天初升的太阳。他与农林助理员丽萨·斯卓姆（Lisa Ström）一同驻扎在冰缘一座猎人的小屋里。他们在小屋周围布上绊绳，绊绳的另一端连着系有炸药的竹竿，用以吓退北极熊。（此时的北极熊极度饥饿，任何有机物都可能成为它们的盘中餐，连雪地车的座椅都不能幸免。）

一个风雪交加的夜晚，杰夫被一阵阵砰砰声惊醒。起初他以为这只是大风在作怪，而丽萨也已经起来，准备外出方便。"但我总感觉有什么不对劲，"杰夫说，"然后，窗口冒出一个巨大的头。"这本身没什么奇怪的，但奇怪的是那些绊绳居然没起作用。"事实上，在凌晨4点摸黑穿上衣服，再拿起专防北极熊的闪光枪并上膛，这事很麻烦。"他说，"正当我们准备从门上拿下武器时，没有任何预警地，门就倒了下来，一只巨大的北极熊出现在小屋里。丽萨立刻扔出一个闪光弹，在慌乱中，我们又扔了几个。而我现在所记得的，就只有在黑暗中被闪光弹照亮的北极熊的脸。"慢慢地，北极熊退回到漆黑的夜色中，给他们留下了一座没有门的小屋和无数个不眠之夜。

迈尔斯·巴顿再次与北极熊相遇也是在斯瓦尔巴群岛，不过是在极昼到来后，在小岛的安全屋里。

当时，他与约翰·艾奇森准备去拍摄绒鸭的孵化过程以及北极熊。"我们在山坡上找了个绝佳的位置，距离安全屋仅10分钟的路程。"迈尔斯如是说，"我本计划让约翰在隐蔽棚里待上1天，而我则在山脊上观察北极熊的动向，以防它靠近。但没有想到的是，绒鸭由蛋裂到破壳而出会那么久。"

这是寒冷又凄苦的一天，约翰已在隐蔽棚里待了整整16个小时。他需出来透透气、暖暖身，再补充补充能量。"出来时他就像被甲虫附身一般，需要伸伸筋骨才能站得直。"当他们回到隐蔽棚，不可思议的事情发生了：绒鸭已经孵化出来并正往海滩边走去。尽管周围还有其他的绒鸭巢，但未进入孵化期。这意味着约翰又得在隐蔽棚里待上好几天。而这时，北极熊登门造访了。

在这之前，他们已在邻岛亲眼见识了北极熊在捕猎藤壶鹅的场景，它们像"吃冰激凌球一样"吞下小鹅。北极熊已游了过来，并走上岸，"一步步踩碎了我们为拍摄而摆好的绒鸭巢。"迈尔斯说。他们拍到了熊吃鹅蛋的镜头，这也向我们展示，如果更多冰川融化，北极熊领地缩小，那么它们将成为鸟禽栖息地的巨大威胁。但有个绒鸭妈妈却因安排得当而幸免此难，它将巢穴建在了一群燕鸥中间。对于包括北极熊在内的捕食者来说，燕鸥就像盘旋空中的轰炸机，极难对付。它的巢穴离安全屋也很近，这也或多或少地保护了它的巢穴。最后一天夜里，我们拍到了它的宝宝们，这群屏幕上可爱的童星摇摇摆摆地游进水中，消失在夕阳尽头。

海豹杀手

在摄制组去拍摄虎鲸捕猎海豹之前，执行制片人阿拉斯泰尔·福瑟吉尔给大家"打预防针"："失败了也不要紧。"结果这趟拍摄之旅成了最惊险的一次。在传奇人物——金羊毛号船长杰罗姆·波塞特的带领下，这次探险历时8周。我们拍到的景象之前基本上没人见识过，更别说拍摄下来了。

许多年来，关于把海豹冲下冰面的报道只有零星几个。有位游客曾经拍摄了一段不是十分清晰的视频，展示了虎鲸是如何利用海浪将海豹冲刷下冰面的。但我们仍旧无法确定，虎鲸的这种行为究竟是常态，抑或是特例。两年前，BBC团队曾试图拍摄鲸鱼捕猎海豹的镜头，但他们在冰面上跟不上虎鲸的脚步。这次，制片人凯瑟琳·杰夫斯专门邀请了4位专家来监测虎鲸，包括资深极地摄影师道格·艾伦（Doug Allan）和道格·安德森，以及来自美国国家海洋和大气管理局的鲸鱼学家鲍勃·皮特曼（Bob Pitman）和约翰·德班（John Durban）。

下图

监测虎鲸的专家，从左至右依次是：摄影师道格·艾伦、鲸鱼学家鲍勃·皮特曼和约翰·德班。

第一个星期，他们毫无所获。唯一的办法就是冒险将金羊毛号向南开进，进入可能有虎鲸出没的浮冰地带。

他们使用卫星标签来跟踪鲸鱼和1月初（夏季）的情况。

他们碰到的第一个难关并不是德雷克海峡的风暴，而是技术问题。Cineflex高清摄像机和相关的计算机技术（这是他们获得稳定画面的保障）之前从未在船上使用过。所以当他们第一次尝试使用却遭遇系统崩溃时，便开始担心。下一个问题是如何找到虎鲸，特别是那种只吃海豹、不碰其他鱼或鲸鱼的虎鲸。

船向南穿过南设得兰群岛，不久他们就找到了一群虎鲸。虽然摄像机恢复正常，而且虎鲸也很活跃，但海豹太少了，冰量不够，没有捕猎现象。所以唯一的选择就是继续向南，前往臭名昭著的格列特——一座挡在阿德雷德岛和南极半岛中间的冰山，就挡在往南走的捷径上。

上图

拍摄水下画面。摄制组里被称为"肥仔"的大个头负责查探虎鲸，道格·安德森负责用摄像机拍摄大个头在水下的工作。凯瑟琳做导演，用毛巾遮住屏幕，这样她可以在拍摄时查看拍摄内容。

　　捕捉猎杀的镜头。当金羊毛号抵达玛格丽特湾时，光线很差，但海豹和虎鲸却很多。他们开拍后，挂在船头的Cineflex摄像机让他们获得了稳定的画面。

　　到了1月，冰块应该会融化，船只便能够通过那片区域，可事实上却没有。由于大块浮冰的阻挡，船怎么都无法通过。杰洛米做了一个冒险的决定，他决定让船只倒退，从岛屿的外围绕进去。这样做会让他们遭遇到风暴，而且完全没有遮蔽的地方，他们要乘坐这艘小船前往南部，一个一般水手都不敢涉足的地方。

　　他们很幸运，天气并没有太糟。他们到达玛格丽特湾后，变得越加兴奋。这个地方给人的感觉与众不同。周围有很多网球场大小的浮冰，这些冰是海豹的最佳栖息场所，而且这里距离虎鲸也不远。"我们曾看到一头鲸鱼，可供科学家追踪，并且也可以让我们拍摄，"凯瑟琳说，"但是它当时的行动不是我们一开始想拍的。"道格·安德森形容那群积冰中的杀手："与我见过的鲸鱼都不同，它们非常大，而且非常自信。"鲸鱼也很好奇，完全不怕船。很快摄影专家约翰用价值3 000美元的卫星标签给10头鲸鱼中的1条做了标记。

　　第二天早晨，这群鲸鱼的行为产生变化，它们在积冰间紧张地游动着，并时不时跃出水面来查探周围情况。但光线很暗，所以摄制组没有用Cineflex拍摄这组画面。"我在驾驶室里清理镜片，然后听到凯瑟琳大叫'有波浪，有波浪'。我朝下看，看到海上有一片闪着玻璃光泽的泡沫。然后一个大浪砸到巨大的浮冰上，冰上的海豹掉进海里。大家都开心坏了，发出兴奋的尖叫声，可谓踏破铁鞋无觅处，得来全费工夫。然后就有人大叫：'开船，快，快！'有一个大浪卷来，打碎了浮冰。那些虎鲸保持阵型发动攻势，将冰块一块块击碎。到了第5个波浪，那只海豹终于掉下去了。我们当时真应该拍下来。"

　　道格·安德森说："如果这次旅程中没有发生那些乱七八糟的事情，我们一定能拍出惊天动地的作品。不过后来我们碰到的状况也越来越好。"那群鲸鱼继续捕猎，摄制组终于拍到了虎鲸杀手。

　　在接下来的两周里，摄制组发现虎鲸不吃食蟹海豹，大家本以为它们会吃的。鲸鱼跳起来侦查情况时会看清海豹的种类，它们只攻击威德尔海豹。波浪攻击法通常需要几轮攻击。凯瑟琳说："第一波通常是击碎浮冰。"

下图

排队。一群虎鲸排好阵型，准备对一头威德尔海豹展开攻击，试图将其拍下海。鲸鱼一家都加入进攻的队伍中，包括巨大的雄性鲸鱼和小鲸鱼。

对页

最后的抓捕。在被海浪卷了几次后，筋疲力尽的威德尔海豹爬回冰上，但它的后鳍扫在冰缘。它马上要被拉下水中沉溺了。

　　"虎鲸会派一头鲸鱼躲到浮冰下。随之而来的海浪会将冰块拍碎，让海豹只能留在一块碎冰上。然后鲸鱼会重组阵型，这次使尽全力朝那块浮冰一击，将海豹卷入水中。海豹通常会落到事先躲在那里的鲸鱼附近。"

　　他们了解到不同鲸鱼群会有不同的策略。整个鲸鱼群都会加入进攻。"一旦回到水中，海豹也会反击，拉锯战会有半小时之久，"道格·安德森说，"但虎鲸不会这么冒险。"他使用摇杆式摄影机（一种挂在杆子上的摄影机）拍摄到海豹在水下的样子，它缩紧着尾巴，试图直面那群鲸鱼。最后这群鲸鱼围成一个半圆，直瞪着海豹。"你可以看到海豹大口地喘气，眼神中透露出恐惧。"然后那些鲸鱼突然后撤，用水流将海豹搅得手足无措，这样就能抓住它了。

　　接下来座头鲸就出现了。有时候座头鲸会停止这场猎杀，它们大声呼叫并不停翻动身体，阻止虎鲸抓到海豹。"我们一开始以为这就像黄莺围捕食肉鸟那样，"鲍勃说，"但一个星期后，我们亲眼看到了不一样的事实。"当一只逃离鲸口的海豹靠近拯救它的座头鲸时，巨大的鲸鱼翻过身来，让海豹滑到自己的胸腔上，正好卡在鳍中间。"当虎鲸靠近，座头鲸就弓起背脊，让海豹远离水面，"当

它快要滑入水中时，"座头鲸用鳍将海豹轻轻推回胸腔中间。我们都没想到，自己会成为世界上第一批看到这种景象的人。"凯瑟琳说。

小须鲸杀手

"这就像是猎狼一样，"伊丽莎白·怀特说。她带领鲍勃和约翰登上金羊毛号，开始另一段拍摄捕猎鲸鱼的旅程。"拍到目标的那天，我们正在跟踪差不多30头A型虎鲸，这是最大的虎鲸，它们都很平静，还相互沟通。"伊丽莎白说，"突然它们安静下来并分散开来。然后一头小须鲸跳出水面呼吸，朝我们游来，后面就是那群虎鲸。"小须鲸的体积更大，精力也更充沛，但虎鲸胜在数量多。"一头虎鲸游荡在它两侧，不让它逃到碎冰中，其他虎鲸则在后面紧紧跟着。"

"小须鲸甩开跟着它的虎鲸和我们。在游了两个多小时、40千米后，它终于游不动了，被虎鲸包围起来。每次它抬起头，虎鲸就会把它的头再按下去。最后一次攻击来自一头雌性虎鲸，它用巨大的身体压到小须鲸身上，然后小须鲸就沉下去了。"

"我们也发现一群鲸鱼在捕猎颊带企鹅和金图企鹅，"莉兹说，"它们会将食物包围在圈子里然后再抓住。之后一头鲸鱼会咬住企鹅的头，另一头就咬开它的胸。我们周围是一堆企鹅的残肢。"这是科学家从没见过的景象。

鲍勃和约翰记录下不同族群的虎鲸，它们并不仅是基因上和长相上不同，在行为方式和食物偏好上也不一样。他们认为虎鲸至少有3种不同的食物偏好。小须鲸杀手（A型，详见第125页）身体是典型的黑白两色，食海豹鲸（B型）——也吃企鹅——则是灰白两色，背脊上有深色的角。C型（详见第122页和第269页）背上也有角，但比较小，而且还有戴着"眼罩"。它们吃洋枪鱼，主要在东南极洲的积冰附近出没。

狼群出击

　　木水牛国家公园很大，它是加拿大最大的国家公园。冬季气温为零下41摄氏度，也是最寒冷的北极圈外景地。"这是我拍过的最受罪的系列片，"导演查登·亨特说，"手脚被冻得很疼，我们的眼睛都睁不开了，鼻涕也被冻住了。关于摄制组安全的决定太难做了。"

　　他们的目标是拍摄冬季系列片中狼群追捕野牛的镜头。冬季，野牛的活动力下降，只能吃冰雪下面的野草过活，所以对狼群来说，要成功地追捕野牛就变得容易了。这群狼是世界上最大也最有力量的狼。通过千百年来对野牛的追捕，它们的活动力、力量和策略被训练得很好，而狼群一般都很大，也证明它们的分工策略是很有效的。与只会观察它们的人类不同，狼群适应极其恶劣的气候。

　　每天早上，查登和加拿大人杰夫·特纳（Jeff Turner）（摄影师和狼群专家）都会飞遍公园寻找野狼。如果他们找到了一个狼群，就会将这个地方拍下来作参考，再飞回基地。然后在当地人的陪同下，乘坐机动雪橇来到刚才的地方，有时候路途长达两小时。但被跟踪的狼群非常警惕。所以摄制组必须跟狼群保持至少1千米的距离，然后再在顺风的情况下，背着重重的装置，利用雪橇和雪鞋在厚厚的雪中追踪它们。"如果被它们发现，我们就会有5天都看不到它们，这就太可惜了，因为为了拍到它们，我们可是冒着生命危险的。"查登说。

　　在煎熬了3个星期后，他们只拍到几个模糊的画面。时间和钱都不够了。他们最后的希望都放在最后的这笔预算里，用上Cineflex摄影机，操作这台摄影机的摄像师是迈克尔·凯勒姆。

　　查登说用Cineflex拍摄出的画面简直就是"上帝眼中的景象"。现在他们能够从空中拍摄它们的一举一动，而不会惊动狼群。他们能够看清狼群距离野牛有多远，并预测狼群会往哪里走。他们第一次飞行就找到一只公狼和一只母狼跟一只幼狼在慢跑，尾巴均高高地翘起。狼群追踪到了一群野牛的足迹，就顺着足迹追上去，这是在雪中追踪野牛的唯一方法。

对页

　　图1　查登在零下40摄氏度的气温下。在这样低的气温下，头发和胡子都被冻得粘在帽子和围巾里了，眼睫毛上也结了冰。

　　图2　杰夫·特纳跟踪拍摄美洲野牛，想要拍到它被狼群攻击的画面。摄制组用毯子或杰夫自制的炭棒加热器（暖宝宝在极寒条件下无法提供足够的温度）给摄影机保温，这样它才能正常工作。

　　图3　监视牛群。摄制组用柳条做掩饰，用肢体语言互相交流，以防说话声音会惊动野牛和狼群。到了这里他们弃用了机动雪橇，而改用雪鞋。给他们领路的是当地的一个克里族猎人，以保证他们在巨大的冰冻三角洲里不会迷路。

1

2

3

第一次拍到这组画面让他们很兴奋："画面的一边是狼群，另一边是野牛。"但这只是个开始。

野牛跟一头狼正面对抗时，杀死狼的可能性是很大的，所以狼的策略就是让野牛受惊，然后从背后攻击它。对一群野牛，狼群会试探好几天，如果野牛警惕性高，那么就撤退。但我们碰到的情况是野牛在逃跑。飞行员试图跟上它们疾驰的速度，因此将直升机掉头来保持机身稳定，但这就等于在倒开飞机。"那他就看不到狼群了，"查登说，"所以我必须大叫给他指示，声音要高过飞机的轰鸣。'吉姆，稳住。迈克尔，将摄像机转向左边。'我能从监视器上看到当时的情况，但迈克尔无法看到野牛离我们有多远，所以我得告诉他什么时候该拉近。"

一旦野狼将一头野牛孤立出来，公狼就会扮演斗牛士的角色，引开野牛的注意，与此同时母狼痛下杀手。"它们最后咬住了野牛，杰夫就知道时候到了，"查登说，"那头牛不死，它们是不会松口的。但我并没有意识到这点。所以当杰夫让我放他下去从地面拍摄时，我不太愿意，因为担心会惊动它们。"但交战双方都专注于对方，杰夫下到地面，近距离拍到了这场决斗（处理后镜头效果惊人）。"这是我在野外见过的最特别的场景，"他说（详见第185页），"野牛将母狼甩开并跳到它的身上。看到它摇摇晃晃的样子，我以为野牛会杀了它。但满身是血的它勉强站了起来，双方都累得气喘吁吁。"最后，就在太阳落山，直升机的油也快用完时，野牛落败了。一切都结束了。母狼走了没几步也倒下了。"好莱坞都拍不出这么精彩的片子。"查登说。

不过摄制组的好运并没就此到头。在拍摄的最后一天，他们拍到了史诗般的画面，成为整个节目的高潮片段。这次他们拍到了25头狼。他们拍摄了整个追踪过程，几头狼紧抓着一头狂奔的野牛，在同一组镜头中，一头巨型野牛从后面冲上，把前面那头撞翻，轰的一声倒地；倒地的野牛逃不过被杀的命运，而狼群的攻势成功了。开始，好戏上演，结束。

　　跟踪。木水牛国家公园的某个角落成为了狩猎场，公狼和母狼在雪中跟踪野牛的脚印。公园里有足够的野牛，让狼群在冬季也能有足够的食物。但为了拍到它们捕猎的场景，摄制组必须得等到2月，那时候正午至少能提供充足的光线，让他们拍到现场的状况。

时空，冰雪

　　纪录片《冰冻星球》的一个目标就是让人们看到平时看不到的东西，所以有时候需要操纵时间。延时拍摄就是连续拍摄，但帧与帧之间有空隙，这样几小时的画面就能浓缩成几秒钟，能展示出平时看不到的景象。如果要拍摄长时间的画面，由于夜晚和天气变化将时间阻断，"时间轨迹拍摄"就更有效。这就是纪录片《冰冻星球》将四季浓缩起来的秘诀。

　　比较传统的方法是将一根杆子插进地里，上面绑着摄像机，拍摄静止的画面，然后1周或1个月后再在同一个地方再进行一次拍摄。但纪录片《冰冻星球》想要拍出移动的画面（能够展现更多风景并用上航拍）。他们用了一台在寒冷气候中也能工作的、配有运动控制装置的仪器，这样能够移动摄像机，还能记录下坐标，以方便摄制组在下一个季节找到同一个地方，进行第二次拍摄。"这是展现季节变化的最好方式，"制作人马克·林菲尔德说，"能拍到我们肉眼看不到的变化。"这也是展现北极融化的最好方式。

下图

　　大融化。这里是海伊河支流的冰冻瀑布，用运动控制技术拍的融化过程。在整个融化过程中，摄制组每隔一段时间就过来拍摄一次，最后做出一段两分钟的影片，让大家看到冰块破裂、河水喷涌的景象。

北极圈内冰雪融化时，大量淡水通过6条大河汇入北冰洋（5条在俄罗斯，1条在加拿大，即马更些河）。这一过程也将大量的淤泥沉积注入海中，带来养分，让海洋生机盎然。河流甚为广阔（马更些河看着就像汪洋），马克最终选择了支流上的一处冰瀑，以尽量展现出全貌。在这里，摄影师沃里克·斯洛斯（Warwick Sloss）采用时间轨迹拍摄技术，来表现冰面破裂和河流重新开始流动这一过程。

交互式摄影技术

延时拍摄技术的另一次绝妙使用是对北极灯蛾毛虫的拍摄。灯蛾毛虫化为蛾后只能存活几天，但还是毛虫时，却能活14年，不过多数时候呈冻结状。可供它食用的叶子只会存在几周，之后毛虫必须进入休眠冻结状，到下个春季才会苏醒，并再次开始进食。这一过程要持续多年，直到毛虫长得足够大，终能破茧为蛾。

下图

为拍摄从冰冻到融化的过程而架设交互式摄影仪器。要3个人才能把所有设备都抬到斯瓦尔巴群岛，沃里克·斯洛斯还需1天时间来架设仪器，最后却只拍几分钟。3个月后拍摄冬季的镜头时，由计算机控制的三脚架头便能记下并重复同样的动作。要完成冬季拍摄，组员要在零下20摄氏度的环境里，带着设备穿过厚厚的雪地，在同一地点架起三脚架。当然，在春季和夏季也要重复这一过程。

上图

准备拍摄。在火山冰洞有限的空间里，摄影师加文·瑟斯顿的唯一办法就是用数码单反照相机的录像模式。要展现冰晶转瞬即逝的美丽，如何打光是关键。冰晶每天都在变化，温度上升便会融化，下降到零下5摄氏度又会重新冻结。

对页

绘制冰洞地图。LED灯不会发热，是很好的照明选择。科学家要对冰洞进行首次勘探绘图，加文和查登也跟着进来。有些冰柱不止5米多高，但也很脆弱，一不小心就会把冰晶碰碎。

使用延时摄影后，可在一个镜头中展现出毛虫冻结、融化再破茧的过程。不需要后期加工就足够惊人。但拍摄冰雪冻结的画面要使用延时拍摄技术，也需要学习一段时间。摄影师蒂姆·谢博德（Tim Shepherd）在剑桥的开放式冷室里，利用塑料帐篷来调节湿度，以学习如何制作霜和冰晶，并用运动控制装备来追踪冰晶的生长。不过要拍摄雪花的形成，还得靠此方面的专家——来自美国加利福尼亚州的肯·利伯瑞彻特（Ken Libbrecht）以及他专用于拍摄雪花的显微摄影机。最后的成品就是一场冰晶艺术展（详见第162~163页）。但最好的冰晶试验场还是大自然。

冰晶之洞

南极的埃里伯斯山是一座被小型冰盖覆盖的火山，热气在冰面下创造出一片冰洞迷宫。导演查登·亨特和摄影师加文·瑟斯顿（Gavin Thurston）在此拍摄的那年，这些冰洞首次被科学家发现，所以也就没有地图指路，也不知道冰室什么时候会融化坍塌。

"每个冰室都比前一个还壮观，"查登说，"满眼形态各异的冰晶"，都是水在气流和湿气的作用下形成的。但要拍摄这晶莹剔透的画面，必须有光和镜头移动。唯一的办法就是把滑轨也拿来，让相机在其上移动，以拍摄冰晶的各个角度，捕捉冰晶钻石般的光泽。在这一过程中，也发生了意外。"比如说，我们走进一个冰室，里面的冰晶美得出奇。但稍微大喘一口气，顶上就可能掉下一根冰锥，"查登说，"还好，这些冰锥恢复原状只要几天，不用很多年。"

凡事都要付出点代价。查登和加文都开始头疼，刚开始他们以为是因为多天14小时高强度的工作，但最后发现原来是因为有毒的火山气体。

大融化

　　"气候变化不是个空谈理论，而是正在极地大范围地上演着。"制片人丹·瑞兹（Dan Rees）说。剧组面临的挑战是如何展现出这种变化。2009年，南极半岛上面积与牙买加相当的威尔金斯冰架开始崩塌，但从卫星照片上看，"没法看出到底发生了什么，有可能只是一片碎冰。"所以摄制组惴惴不安地出发了。

　　来自英国南极调查所（BAS）的安迪·史密斯博士（Dr. Andy Smith）与他们同行，好让他来判断冰裂的规模。BAS还提供了两架双水獭飞机。丹说："他们想把南极发生的事告诉全世界。我们飞过最后一道山峰，然后眼前突然蹦出大片表面平坦的巨型冰山群。有些至少有1 000米长，成百上千，一眼望不到边。"冰盖分崩离析。安迪惊讶得哑口无言。

　　"我们降落在一个冰山上，跟安迪拍了一小段。正要收工时，

对页

　　图1　威尔金斯冰制跑道。泰德·吉福德（Ted Giffords）和录音师安德鲁·亚热（Andrew Yarme）在另一驾双水獭飞机上拍下了科学家降落的镜头。

　　图2~图4　从飞机上看崩裂中的冰盖和1.6千米长的平坦冰山。科学家来到这里的目的是把卫星信号接收器放在冰山上，这样就能在冰山向南乔治亚岛和南美漂流的过程中，监控它的移动和生命周期（最多一年）。

下图

　　加油。前往威尔金斯冰架的唯一办法是搭乘英国南极调查所的飞机，而飞机想飞过去则必须在半途加油。

机长过来问我们还要多久。我以为他只是不耐烦了。然而他指向飞机的起落橇说'那边好像有裂缝'。我们赶紧收拾起器械。回去的路上，泰德拍下另一驾飞机来做对比，与一片冰山相比，飞机成了一个小点。"

当冰川滑到海面上并与之融成一体，就形成了南极冰架。冰架把冰川或冰盖堵在后面。但若冰架下方的水或上方空气变暖，冰架本身就会变薄进而崩裂，让更多的冰流入海中。

为冰川一搏。拍摄时离斯道尔冰川这么近是有风险的，在大崩裂发生时，大家有可能会被卷走。所以摄影师马蒂奥·威利斯和研究员亚当·斯科特得准备好随时撤离。

"这就是证据，"丹说，"海水变暖让西南极的松岛冰架变薄。"而那个冰架所遏制住的冰雪量比威尔金斯冰架大多了。若它也裂开，冰雪落入海中以及海平面上升可不仅仅会影响南极。

破裂

研究员亚当·斯科特（Adam Scott）和摄影师马蒂奥·威利斯（Mateo Willis）来到格陵兰，在冰盖和海洋交界处拍摄格陵兰冰盖，拍摄大冰山的形成。"我们来到斯道尔冰川，知道温暖的冬季将影响到冰川。我们刚一降落，就听到冰山碎裂、向前滑去的巨响。"他们在能俯瞰冰川的山坡上架起相机，把镜头对准巨大的冰舌，希望冰舌会断裂。3天后，海上飘起大雾。他们除了能听到越来越响的声音，什么都做不了。

第二天下午1点，大雾退去，太阳出来，冰裂也发生了。"冰川顶部迸出满天碎冰，就好像用了炸药。我们离发生地有好几千米，所以会先看到这一景象，却要几秒后才能听到……冰川中部，大概1 000米宽的一片冰断裂开来，向后翻去。冰山藏在水下的体积占2/3，这回全都翻上来，更卷起大浪。然后又有一处断裂，再一处……那20分钟我屏住呼吸，全身心拍摄这空前绝后的奇景。"

飞流直下

"当冰川锅穴出现时，就好像塞子被拔了起来，"瓦内莎说，"你能听到那阵势，就像场大地震。然后湖就消失了。"这景象发生在拉塞尔冰川上，该冰川是格陵兰冰盖的一部分，在这里夏日融化悄然发生。科学家正在监控融水对冰盖的影响，这对了解气候变暖的影响很关键。

"融水湖的水顺着河流流走，"瓦内莎说，"形成了大峡谷和三角洲。"

流入冰川锅穴（实际上就像一根直通冰盖底部的水管）的融水在冰川滑向大洋的过程中起到了润滑剂的作用。"即便坐在直升机里，仍能听到融水坠入竖井时震耳欲聋的声音，"瓦内莎道，"就好像水径直坠入地心。在直升机看下方那黑色的深渊，我第一次晕机了。我们在洞口盘旋，转动Cineflex相机来拍摄。我们绕了4圈，正准备再来1圈，这时飞行员指了指油表，又指了一下深渊。我们知道该走了。"他们还拍下了科学家阿兰·哈伯德下到深谷中，把仪器扔下冰盖，以监控冰盖的变化。女摄影师贾丝廷·埃文斯（Justime Evans）抓着一条绳子，在咯吱作响的冰洞中进行拍摄。她还探身到峡谷中，在飞泻而下的融水旁拍摄。3天后，曾让她落脚的冰地已消失不见。

上图

宝蓝色的流水，格陵兰。在倾斜的冰架上，三角洲上的条条河流和水渠很快把融水湖抽个一干二净。某一天，凭空出现的冰川锅穴导致湖突然消失。

对页

勇者贾丝廷。拍摄瀑布的最佳办法就是沿着绳子下入冰谷，冰谷垂直向下近1千米，直达冰川底部。水声轰鸣，冰本身也咯吱作响，两者相加震耳欲聋，只能用手势来交流。

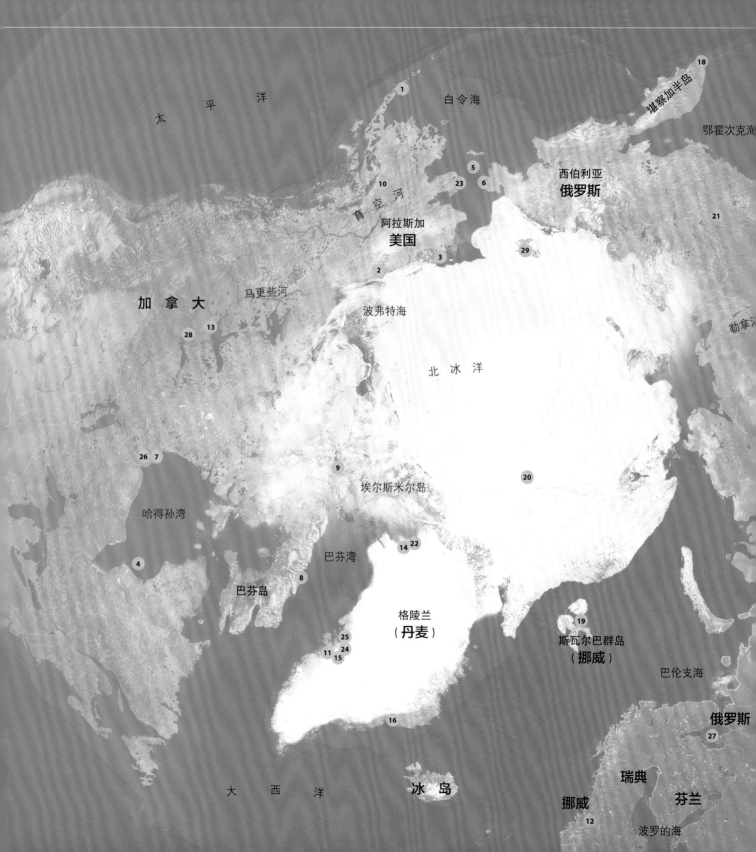

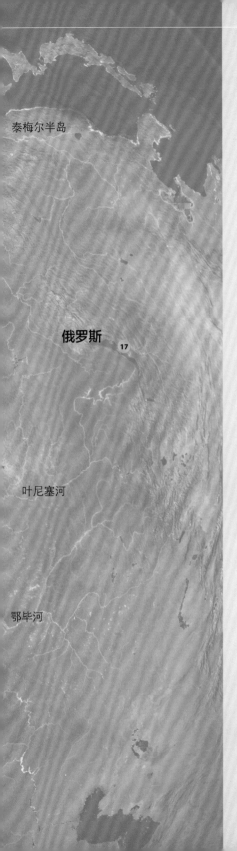

泰梅尔半岛

俄罗斯 **17**

叶尼塞河

鄂毕河

北极

南极

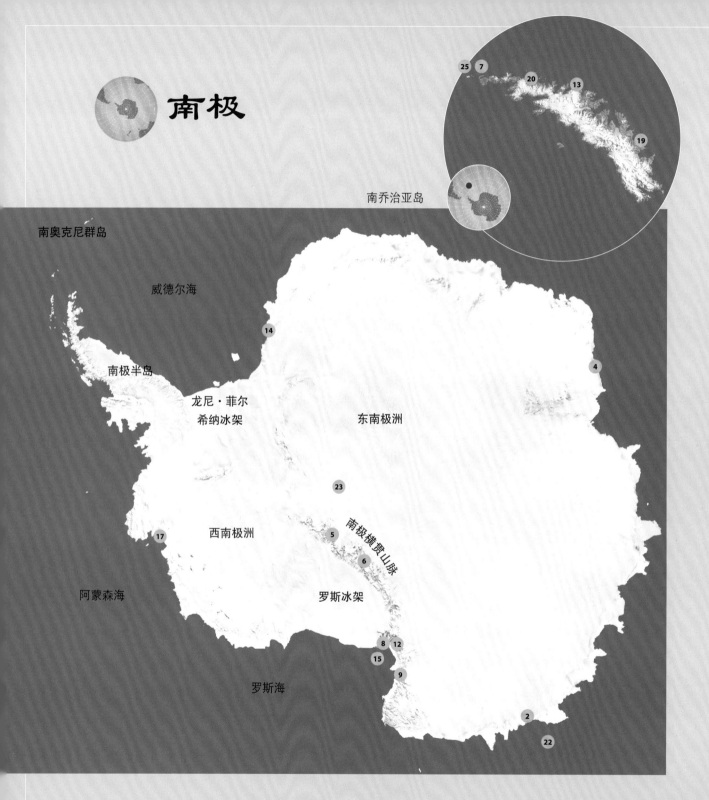

南乔治亚岛

南奥克尼群岛

威德尔海

南极半岛

龙尼·菲尔希纳冰架

东南极洲

西南极洲

南极横贯山脉

阿蒙森海

罗斯冰架

罗斯海

南极半岛

南设得兰群岛

拉森冰架

致谢

如果没有配套的电视系列片，本书就称不上完整。且毫不夸张地说，没有这个杰出的天才团队5年的努力，就没有这部系列片。数个外景摄制组前往地球上最艰苦的环境，进行长达半年的外景拍摄，而在布里斯托尔，我们的制作管理部门则协调着BBC自然史单元最复杂、最偏远的拍摄工作。外景组全身心地投入拍摄工作中，记录下地球两极独一无二、稍纵即逝的影像和声音；再加上后期制作组精益求精的处理，他们以最高的标准要求自己，把所有原始影像融合成一部杰作。

除主创人员外，还要感谢相关人员和组织。没有他们，我们就会和某些两极奇景擦肩而过。特别感谢美国国家科学基金会，他们资助了南极洲的7个拍摄小组，有些小组拍摄期会长达半年。由此，我们才抓住了一系列前所未有的画面。我们特别感谢所有在麦克默多基地的雷神公司（Raytheo）员工和科学家，在我们逗留期间，他们倾力相助。美国国家科学基金会还给予我们主要的空中支援，让我们能带着摄像机到达一些南极最难涉足的地区，并拍下那些无人见过的景象。英国皇家海军也在拍摄期间给予了类似支持，帮我们捕捉到南极半岛和南乔治亚岛独特的空中奇景。特别感谢所有勇敢且技巧高超的飞行员，是他们把从空中拍摄地球两极的构想变成了现实。

英国南极调查所（BAS）在伯德岛和西拉的基地也支援了我们的团队。我们在加拿大北极圈内的活动则获得了北极大陆架研究项目的后勤支援。因纽特人热情地款待了我们，并带领我们穿越复杂的冰面。我们在美丽的斯瓦尔巴群岛拍摄时，詹森·罗伯茨（Jason Roberts）和他的小组常常给予无偿的后勤支持；同时杰罗姆和迪奥·波塞特（Dion Poncet）再次验证，在南极冰海中，金羊毛号是最合适的摄影船。没有阿兰·哈伯德博士及其团队的帮助和建议，在格陵兰的拍摄就不可能完成。在这里，我们无法列出所有给予过我们慷慨帮助和支持的科学家和各领域专家，但你们的帮助我们将永远铭记于心。

最后，感谢雪莉·帕顿（Shirley Patton）和穆娜·雷耶（Muna Reyal），他们委托制作了这本书；感谢劳拉·巴维克（Laura Barwick）提供了这些精彩的图像；感谢鲍比·博查尔（Bobby Birchall）的卓越设计；感谢罗莎蒙德·基德曼·考克斯（Rosamund Kidman Cox），在第7章中撰写了这些故事并完成所有的编辑工作。

监制
Alastair Fothergill

系列片制片人
Vanessa Berlowitz

制片组
Miles Barton
Vanessa Berlowitz
Helen Bishop
Katie Cuss
Samantha Davis
Fredi Devas
Alastair Fothergill
Chadden Hunter

Bridget Jeffery
Kathryn Jeffs
Anna Kington
Mandy Knight
Karen Le Huray
Mark Linfield
Dan Rees
Jason Roberts
Adam Scott
Matt Swarbrick
Elizabeth White
Jeff Wilson

摄影组
John Aitchison

Doug Allan
Doug Anderson
David Baillie
James Balog
Barrie Britton
John Brown
Richard Burton
Jo Charlesworth
Rod Clarke
Martyn Colbeck
Stephen de Vere
Justine Evans
Wade Fairley
Tom Fitz
Ted Giffords

Oliver Goetzl
Joel Heath
Max Hug Williams
Michael Kelem
Ian McCarthy
Alastair MacEwen
David McKay
Jamie McPherson
Justin Maguire
Hugh Miller
Peter Nearhos
Didier Noirot
Ivo Nörenberg
Petter Nyquist
Mark Payne-Gill

Anthony Powell
Adam Ravetch
Tim Shepherd
Warwick Sloss
Mark Smith
Gavin Thurston
Jeff Turner
Mateo Willis
David Wright
Mike Wright
Daniel Zatz

录音师
Mark Roberts
Chris Watson

Andrew Yarme
现场助理
Steiner Aksnes
Tim Fogg
Oskar Storm
Lisa Ström
Oskar Ström

附加制片
Penny Allen
Amirah Barri
Felicity Egerton
Sinead Gogarty
Justine Hatcher
Amanda Hutchinson

Simon Nash
Lisa Sibbald
Martin Tweddell
Elizabeth Vancura
Jo Verity
Robert Wilcox
Simon Wylie

后期制片
Marc Baleiza
Ruth Berrington
Rowan Collier
Andy Corp
Richard Crosby
Kate Gorst
Harry Grinling
Miles Hall
Janne Harrowing
Wesley Hibberd
Richard Hinton
Shaun Littlewood
Rebecca Murden
Ruth Peacey
Steve Pelluet
Caroline Stow
Sarah Wade
Josh Wallace

音乐
George Fenton
Barnaby Taylor
BBC Concert
  Orchestra

影片剪辑
Nigel Buck
Andrew Chastney
Andy Netley
Dave Pearce
Steve White

在线剪辑
Adrian Rigby

剪辑助理
Darren Clementson
Robbie Garbutt
Jan Haworth

配音剪辑
Jonny Crew
Paul Fisher
Kate Hopkins
Tim Owens

配音混合
Graham Wild

色彩顾问
Luke Rainey

平面设计
BDH (Burrell Durrant
  Hifle)
Steve Burrell
Mick Connaire
Paul Greer
Jess Lee

开放大学
Mark Brandon
David Robinson
Janet Sumner

AXSYS 公司
Babette Foster
Tanya Foster
Jason Fountaine
Eric Groome
Colleen Zimmerman

特别鸣谢
Jon Aars
The ABC Crew
Nok Acker
David Ainley
Airlift AS
Alaska Department of
  Fish and Game
Tom Allen
Wayne Alphonse
Magnus Andersen
Ben Anderson
Bill Andrews
Antarctic Heritage
  Trust
Arctic Circle Dive
  Centre
Arctic Watch Wildlife
  Lodge
Josée Auclair
Australian Antarctic
  Division
Lisa Baddeley
Baffin Region
  Hunters and
  Trappers
  Organization
Al Baker
Grant Ballard
Barrow Arctic Science
  Consortium
Fergus Beeley
Leah Beizuns
Jørgen Berge

Bob Bindschadler
Dustin Black
Dave Blackham
Don Blankenship
Scott Borg
Rob Bowman
Victor Boyarsky
British Film Institute
Gordon and Lewis
  Brower
Sue Buckett
Bernard Buigues
Darcy Burbank
Richard Burt
Misha Bykoff
Linda Capper
Tony and Kim Chater
Natalia Chervyakova
CMS, University of
  Cambridge
Jessie Crain
Brian Crocker
Bruno Croft
Kim Crosbie
Tom Crowley
Niall Curtis
Christopher Dean
Andrew Derocher
DigitalGlobe Inc
Marko Dimov
Athena Dinar
George Divoky
Alice Drake
Dave Drake-Brockman
John Durban
Jessica Farrer
Shawn Farry
Sue Flood
Erlend Folstad
Bill Fraser
Gretchen Freund
Gina Fucci
Robert Garrot
Shari Gearheard
Henk Geerdink
Craig George
Grant Gilchrist
Toni Gilson-Clarke
John Gordon
The Government
of the Northwest
Territories
The Government of
  South Georgia and
  the South Sandwich
  Islands
The Governor of

Svalbard
Greenland Command
Alexander Groothaert
Julie Grundberg
Don Hampton
Roland Hansen
Lisa Harding
Joe Harrigan
Michelle Hart
Jack Hawkins
Pic Haywood
Stig Henningsen
Greg Henry
Roger and Fiona
  Hickman
Faye Hicks
Karen Hilton
Denver Holt
Barry Hough
Igloolik Hunter and
  Trappers Organization
Claudia Ihl
David Iqaqrialu
Iviq Hunters and
  Trappers Organization
Nicole Jacob
Barry James
Piotr Jarkov and
  family
Jessy Jenkins
David Jobson
Brian Johnson
Rasmus Jørgensen
Henry Kaiser
Valentine Kass
Liz Kauffman
Juha Kauppinen
Aziz Kheraj
Stacy Kim
Richard Kirby
Andrei Klimov
José Kok
Gerry Kooyman
Olga Kukal
Jyrki Kurtti
Bjørne Kvernmo
Phil Kyle
Olli Lamminsalo
Pascal Lee
Gerald Lehmacher
Gordon Leicester
Kenneth Libbrecht
Ian Llewellyn
Geoff Lloyd
James Lovvorn
Alain Lusignan
Tim McCagherty

Jimmer and Alyssa
  McDonald
Jim McNeill
Paula McNerney
Jen Mannas
James Marsh
Cory Matthews
Alan Meredith
Aled Miles
Mittimatalik Hunters
  and Trappers
  Organization
Montana State
  University
Paul Morin
Paul Murphy
NASA
NASA Scientific
  Visualization Studio
Ron Naveen
The New Island
  Conservation Trust
Louis Nielsen
Novoe Chaplino
  Hunters' Collective
Jimmy Nungaq
Leetia Nungaq
Petter Nyquist
Kieran O'Donovan
Frederique Olivier
Clive Oppenheimer
Alexander Orlav
Lasse Østervold
Liemikie Palluq
George Panayiotou
Lane Patterson
Lloyd Peck
Jari Peltomaki
Scott Pentecost
Aaron Peters
Kenett Petersen
Stephen Petersen
Kevin Pettway
Bob Pitman
Polar Geospatial
  Center
Simon Qamaniq
Quark Expeditions
Julie Raine
Mark Reese
Dave Reid
Ignatius Rigor
Ceiridwen Robbins
Rob Robbins
Thomas Romsdal
Trent Roussin
Jane Rumble

Steve Rupp
Steve Scammell
Florent Schoebel
Glenn Sheehan
Tore Sivertsen
Mike Skevington
Janice Sloan
Andy Smith
Matt Smith
Adia Sovie
Sharon 'Rae' Spain
Glenn Stauffer
Ian Stirling
Martha Story
Cara Sucher
David Sugden
Paul Sullivan
Monica Sund
Dr Janne Sundell
Dylan Taylor
Becky Thompson
Niobe Thompson
T'licho First Nation
Jez Toogood
Matthew Torrible
James Travis III
Hailaeos Troy
Nick Turner
The University Centre
  in Svalbard
USCG Healy
Mark van de Weg
David Vaughan
Rindy Veatch
Andrey Vinnikov
Peter Wadhams
Katey Walter
Jeremiah Walters
Stewart and Cody
  Webber
Richard, Tessum and
  Nansen Weber
Wood Buffalo
  National Park
Dave Wride
Yacht Australis
Lena Yakovleva
Yellowknife Dene First
  Nation
Hannu Ylönen
Paul Zakora

插图贡献者

1 Nick Cobbing/Greenpeace;
2~3 Daisy Gilardini/Getty;
4~5 Ted Giffords; 7 Sergey Gorshkov;
8 Dan Rees; 9 R Pitman; 10~11 Daisy
Gilardini/Getty.

第1章

13 Wild Wonders of Europe/Jensen/
naturepl.com; 14 Daisy Gilardini/Getty;
15 BDH/BBC; 16 Pål Hermansen; 17
Andy Rouse; 18 Daisy Gilardini/Getty; 19
Andy Rouse; 21 Adam Scott; 22 Jenny
E Ross; 23 Nick Cobbing/Greenpeace;
24~25 John Aitchison; 26 Jack Dykinga/
naturepl.com; 27 Sergey Gorshkov;
28~29 Sergey Gorshkov; 30~31 Wild
Wonders of Europe/Munier/naturepl.
com; 32~33 Orsolya Haarberg/naturepl.
com; 34 Laurent Geslin/naturepl.com; 35
Sergey Gorshkov; 36 Tui de Roy/Minden
Pictures/FLPA; 37 Tui de Roy/Minden
Pictures/FLPA; 38~39 Chadden Hunter;
40~41 Maria Stenzel/National Geographic
Image Collection; 42 Jan Vermeer/Minden
Pictures/FLPA; 43 Yva Momatiuk & John
Eastcott/Minden Pictures/Getty; 44~49
Vanessa Berlowitz; 51 Dan Rees; 52~53
Daisy Gilardini/Getty.

第2章

55 Paul Nicklen/National Geographic
Image Collection; 56 BBC; 57 Staffan
Widstrand/naturepl.com; 58~59 Jason
Roberts; 60~62 Jason Roberts;
63 Andy Rouse; 64~65 Jenny E Ross; 66
上左图 Daisy Gilardini/Masterfile; 66上
右图 BBC; 66下图 BBC; 67 BBC; 68~69
Pål Hermansen; 70~71 Ted Giffords;
72~73 Paul Nicklen/National Geographic
Image Collection; 74 Adam Scott; 75 Matt
Swarbrick; 76~79 Andy Rouse; 80~81
Roy Mangersnes/naturepl.com; 81 Miles

Barton; 82~83 Matt Swarbrick; 84 Andy
Rouse; 85 Fred Olivier; 86~87 Andy Rouse;
88~89 Maria Stenzel/National Geographic
Image Collection; 89 Andy Rouse;
90 John Aitchison; 90~91 Andy Rouse;
92~93 Jeff Wilson; 94~95 Jeff Wilson.

第3章

97 Andy Rouse; 98 Daisy Gilardini/
Masterfile; 99~101 Jason Roberts; 102
John & Mary-Lou Aitchison/naturepl.
com; 103 Jason Roberts; 104 Pål
Hermansen; 105 Jenny E Ross; 106 BBC;
107 T Jacobsen/ArcticPhoto.com; 108 Pål
Hermansen; 109 Kieran O'Donovan; 110
Andy Rouse/naturepl.com; 111 Markus
Varesvuo/naturepl.com; 112~113 Nick
Garbutt; 114 Ingo Arndt/naturepl.com;
115 Andy Rouse; 116~117 Andy Rouse;
118 Flip De Nooyer/FotoNatura/Minden
Pictures/FLPA; 119 Rick Tomlinson/
naturepl.com; 120 Yva Momatiuk & John
Eastcott/National Geographic Image
Collection; 121 Steven
Kazlowski/naturepl.com; 122~123
Chadden Hunter; 124~125 John Durban;
125 R Pitman; 126~127 Kathryn Jeffs;
128~129 Colin Monteath/Hedgehog
House/Minden Pictures/National
Geographic Image Collection.

第4章

131 Sergey Gorshkov; 132 Jenny E Ross;
133 Sergey Gorshkov; 134 Jenny E Ross;
136~137 Elizabeth White; 138 Sergey
Gorshkov; 139 Ryan Askren; 140~142
Sergey Gorshkov; 143 Bryan and Cherry
Alexander/naturepl.com; 144~145 Wild
Wonders of Europe/Munier/naturepl.
com; 146~147 Ingo Arndt/naturepl.com;
148 D Rootes/ArcticPhoto.com; 149 Pete
Oxford/naturepl.com; 150 Jenny E Ross;

151 Suzi Eszterhas/naturepl.com; 152
Jenny E Ross; 153~155 John Aitchison;
156~157 Jeff Wilson;
158~159 Daisy Gilardini/Masterfile;
160 John Aitchison; 161 Jason Roberts;
162上左图 BBC; 162~163 Ken Libbrecht/
BBC.

第5章

165 Daisy Gilardini; 166 Pål Hermansen;
167 Kaj R Svensson/Science Photo
Library; 168~169 Jamie McPherson;
171 Jason Roberts; 172~173 BBC; 175
James Lovvorn; 176 Morten Hilmer; 177
Fredi Devas; 178~179 B&C Alexander/
ArcticPhoto.com; 180 Markus Varesvuo/
naturepl.com; 181 Sergey Gorshkov;
182~183 Chadden Hunter; 184 BBC;
186~187 BBC; 189t Kathryn Jeffs; 189b
Sergey Gorshkov; 191 Markus Varesvuo/
naturepl.com; 192~193 Sergey Gorshkov;
195 Neil Lucas/naturepl.com; 196~197
Doug Anderson;
198 Hugh Miller; 200~201 BBC; 202~203
John Aitchison; 204~205 Pål Hermansen;
206~207 Fred Olivier.

第6章

209~210 Nick Cobbing/Greenpeace; 211
Bryan and Cherry Alexander/naturepl.
com; 212~213 Dan Rees; 214~215 Bryan
and Cherry Alexander/naturepl.com;
216 Jenny E Ross; 217~219 Adam Scott;
220 Elizabeth White; 221 Adam Scott;
222~223 BDH/BBC; 224~225 Jenny E
Ross; 226~227 Andy Rouse/Getty; 228
Richard Olsenius/National Geographic
Image Collection; 229 Lowell Georgia/
National Geographic Image Collection;
230~231 Morten Hilmer; 232~233
Nick Cobbing/Greenpeace; 234~236
James Balog/ExtremeIceSurvey.org; 236

Sue Flood/Getty; 237 Todd Paris/UAF
Marketing and Communications; 238
上图 BDH/BBC; 238下图 John Aitchison;
239 BDH/BBC; 240~241 Joel Sartore/
National Geographic Image Collection;
242~243 VisibleEarth/NASA; 244 BBC;
245~247 Daniel Beltra; 249 Pete Oxford/
naturepl.com.

第7章

251 Hugh Miller; 252 Dan Rees; 253
Alastair Fothergill; 254 Doug Anderson;
255 Elizabeth White; 256 Alastair
Fothergill; 257 BBC; 258 Jason Roberts;
259 Dan Rees; 260 Nataliya Chervyakova;
261 Hugh Miller; 262 Doug Anderson;
263 Hugh Miller; 265上图 Chadden
Hunter; 265b Pål Hermansen; 266~269
Chadden Hunter; 270 Mark Linfield;
271~272 Jeff Wilson; 274 Jeff Wilson; 276
Jason Roberts; 277 Andy Rouse; 278~279
Sergey Gorshkov; 280 Miles Barton; 281
Kathryn Jeffs;
282 R Pitman; 282~283 Kathryn Jeffs;
284~285 John Durban; 285 R Pitman;
286~287 R Pitman; 287 Doug Anderson;
289~291 Chadden Hunter; 292 Mark
Linfield; 293 Adam Scott; 294 Jason
Roberts; 295 Chadden Hunter; 296 Dan
Rees; 297 Dan Rees; 298~299 Adam
Scott; 300 Adam Scott; 301 Vanessa
Berlowitz; 302~303 Planetary Visions
Ltd/Science Photo Library & NASA/GSFC,
MODIS Rapid Response; 303 iStockphoto.
com/Anton Seleznev; 304 Planetary
Visions Ltd/Science Photo Library; 304
插图 NASA Landsat ETM+ imagery; 304
iStockphoto.com/Anton Seleznev; 305
British Antarctic Survey/Science Photo
Library.
310~311: Sue Flood/Getty.

图书在版编目（CIP）数据

冰冻星球 ：超乎想象的奇妙世界 / （英）阿拉斯泰
尔·福瑟吉尔（Alastair Fothergill），（英）瓦内莎·
波洛维兹（Vanessa Berlowitz）著 ；人人影视译. -- 2
版（修订本）. -- 北京 ：人民邮电出版社，2016.7（2023.3重印）
  （BBC自然探索）
  ISBN 978-7-115-42593-5

  Ⅰ. ①冰⋯ Ⅱ. ①阿⋯ ②瓦⋯ ③人⋯ Ⅲ. ①极地—
普及读物 Ⅳ. ①P941.6-49

中国版本图书馆CIP数据核字（2016）第122990号

◆ 著　　　 [英] 阿拉斯泰尔•福瑟吉尔（Alastair Fothergill）
　　　　　　[英] 瓦内莎•波洛维兹（Vanessa Berlowitz）
　 译　　　 人人影视
　 责任编辑　韦　毅
　 责任印制　彭志环

◆ 人民邮电出版社出版发行　　北京市丰台区成寿寺路 11 号
　 邮编　100164　电子邮件　315@ptpress.com.cn
　 网址　http://www.ptpress.com.cn
　 北京宝隆世纪印刷有限公司印刷

◆ 开本　889×1194　1/20
　 印张　15.6　　　　　　　　2016 年 7 月第 2 版
　 字数　551 千字　　　　　　2023 年 3 月北京第 9 次印刷
　 　　　著作权合同登记号　图字：01-2012-5777 号
　 　　　　　　审图号：GS（2012）2429 号

定价：119.90 元
读者服务热线：(010) 81055410　印装质量热线：(010) 81055316
反盗版热线：(010) 81055315